Photoshop CS4包装设计艺术

冰淇淋包装效果图

手机包装效果图

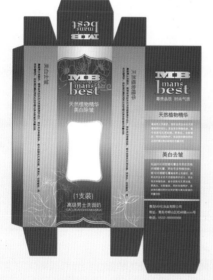

男士化妆品包装展开图

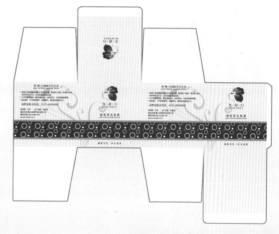

女士化妆品包装展开图

男士化妆品包装效果图

女士化妆品包装效果图

PS 保健品包装展开图

PS 西药包装展开图

PS 保健品包装效果图

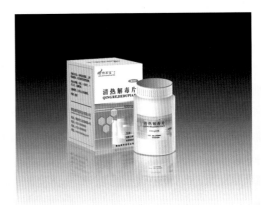

PS 西药包装效果图

PS 中成药包装效果图

PS 中成药包装展开图

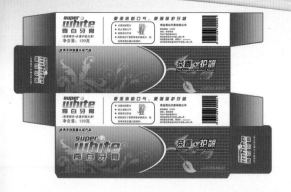

PS 牙膏包装展开图

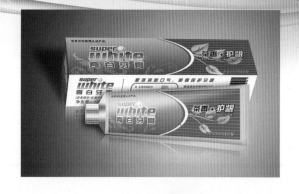

PS 牙膏包装效果图

PS 白酒包装效果图

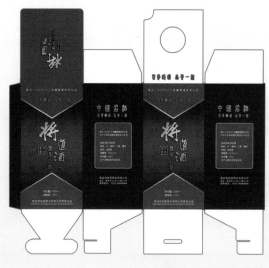

PS 白酒包装展开图

PS 红酒包装效果图

PS 洗发水包装效果图

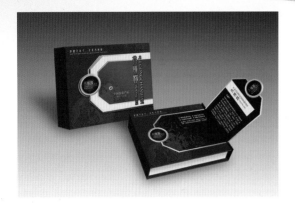

PS 月饼包装效果图

PS 糖果包装效果图

PS 牛奶包装效果图

PS 果汁饮料包装效果图

PS MP4包装效果图

PS MP4包装展开图

中文版 Photoshop CS4
包装设计艺术

王春鹏　梁东伟　朱仁成　等编著

电子工业出版社

Publishing House of Electronics Industry

北京·BEIJING

内 容 简 介

包装设计包括造型设计和装潢设计两大方面，它是一门实用科学。本书旨在介绍 Photoshop CS4 中文版在包装设计领域的应用技术，侧重介绍各类包装范例的制作与表现，力求突出 Photoshop 实用技术与包装设计艺术的有机结合，书中既包括了包装设计的相关常识，也包括了包装设计的创意思想与 Photoshop 制作技术。

本书以实例的制作步骤为主线，案例经典，技术实用，步骤详细，涵盖面广，涉及的产品包装有日常用品、酒类、食品、医药、饮料、化妆品和数码产品等。

本书适合具有平面设计软件操作基础，欲从事包装设计的人员使用，也可作为大中专院校相关专业、社会培训班的教学参考书或上机实践指导用书。

未经许可，不得以任何方式复制或抄袭本书之部分或全部内容。
版权所有，侵权必究。

图书在版编目（CIP）数据

中文版 Photoshop CS4 包装设计艺术 / 王春鹏等编著.—北京：电子工业出版社，2010.1
ISBN 978-7-121-09788-1

I. 中… II.王… III.包装－计算机辅助设计－图形软件，Photoshop CS4 IV.TB482-39

中国版本图书馆 CIP 数据核字（2009）第 198522 号

责任编辑：　祁玉芹
印　　刷：　北京市天竺颖华印刷厂
装　　订：　三河市鑫金马印装有限公司
出版发行：　电子工业出版社
　　　　　　北京市海淀区万寿路 173 信箱　　邮编 100036
开　　本：　787×1092　　1/16　印张：21.5　字数：523 千字　　彩插：2 页
印　　次：　2010 年 1 月第 1 次印刷
定　　价：　42.00 元（含光盘 1 张）

凡所购买电子工业出版社图书有缺损问题，请向购买书店调换。若书店售缺，请与本社发行部联系，联系及邮购电话：(010) 88254888。

质量投诉请发邮件至 zlts@phei.com.cn，盗版侵权举报请发邮件至 dbqq@phei.com.cn。

服务热线：(010) 88258888。

前　言

现实生活中，我们可能不是包装设计师，但是我们却每天接触到各种各样的商品包装。换句话说，包装设计与我们的生活息息相关。包装是商品漂亮的外衣，它是商品整体不可缺少的一部分，对商品起着容纳、保护、宣传、推销的作用。所以，从市场营销的角度来讲，包装设计是包装的灵魂，设计的好坏影响着商品的美丑、顾客对商品的认知等，包装设计的重要性可窥一斑。

近些年来，随着信息化技术的不断发展，包装设计与制作也越来越信息化、自动化，其中 Photoshop 是主要的设计软件之一，特别是在制作包装效果图时，Photoshop 具有其他软件不可比拟的优越性。

实际上 Photoshop 是一款功能强大的图像处理软件，迄今为止，它已经相当普及，不仅在包装设计中有广泛的应用，在很多领域中都有 Photoshop 的身影，例如：广告设计、网页制作、效果图处理和多媒体制作等，都离不开 Photoshop，可见，Photoshop 的应用极为广泛。

本书以包装设计为主题，以 Photoshop CS4 为工具，全面介绍了 Photoshop 在包装设计领域中的精彩运用，力求打造 Photoshop 包装设计的经典实例教程，全书通过讲解大量的包装设计案例，诠释了 Photoshop 的实用技能，语言简洁凝练、案例精美实用，对读者有很好的指导性。只要读者能够耐心地按照书中的步骤去完成每一个实例，就会大大提高 Photoshop 实践技能，提高艺术审美能力与设计水平。

在编写本书的过程中，我们重点强调了四大方面：

商业性：案例的选取均来自商业设计范本，为了学习的方便，进行了适度的修改，使案例不失商业特点的同时，更加适合教学。

艺术性：设计的本身就是一门艺术，所以，每一个包装案例特别强调视觉美感，力求从色彩、造型、制作的精细度上突出艺术性，帮助读者在潜移默化中提高审美能力。

技术性：案例的实现力求体现 Photoshop 的强大功能，强调学习性，让读者在完成实例的同时，真正学到 Photoshop 实用技术。

完整性：书中的每一个案例都有详尽的操作步骤、完整的素材与结果，即使初学者也可以按部就班地完成实例的制作。另外，还融入了提示注意、技术看板、教你一招等内容。

本书是典型的实例教程，适合具有一定 Photoshop 基础的读者上机学习，由于采用了手把手的教学方式，案例的制作步骤非常详细，所以初学者也可以参考学习。另外，为了方便读者的学习，本书配套光盘中提供了所有实例的素材文件与结果，并且素材都经过了预处理，打开后可以直接使用。

特别说明：1、书中案例涉及的公司名称、商标、品牌、电话等均为满足教学需要而虚拟，如有与实际产品类同，纯属巧合。2、个别案例中的分辨率设置并非实际分辨率，仅为教学需要而设置，提醒读者学习注意。

本书由王春鹏、梁东伟和朱仁成等编著，此外参加编写的人员还有孙爱芳、朱海燕、张晓玮、朱艺、于岁、刘继文、孙为钊、谭桂爱、姜迎美等。由于作者水平有限，书中如有不妥之处，欢迎广大读者朋友批评指正。

编著者

2009 年 9 月

目 录
contents

第1章

包装基础知识介绍

通俗地说，包装就是产品的外衣，恰如人类的衣服一样，一方面起到对肌体包裹的作用，另一方面起到装饰美化的作用。所以，产品的包装主要具有两大功能：一是盛装与保护产品，二是宣传与推销产品。正因为如此，包装设计必须综合市场学、经济学、美术设计、材料与运输、制作流程等多方面的因素进行考虑，才能设计出符合产品特点与品质的包装。而一个好的包装设计可以大大提升产品的附加值，引起消费者的购买欲望。

1.1　认识产品包装

在现实生活中，我们每天都要接触各种各样的生产、生活资料，而它们都具有一定规格的包装物，或简易，或精致，或实用，或奢华。实际上，包装就是盛装、保护产品的容器。

1.1.1　概念

在过去，包装只是作为保护产品使其在运输和储藏的过程中防止损坏的一项措施而已，但是如今包装的概念已经发生了质的变化。人们对包装的理解也不局限在保护产品的范畴。

所谓包装，从表面上可以理解为包裹、包扎、装饰、装潢之意；科学地讲，包装是指为了保护产品、美化产品、宣传产品，进一步提高产品的商业价值而对产品进行的一种技术和艺术处理。包装涵盖的内容十分广泛，包装设计包括材料、造型、印刷、视觉传达设计等诸多要素，包装设计的过程其实就是最大限度地实现包装功能的过程，它是一个立体的多元化的艺术处理过程。

商品的包装反映了社会的发展水平，在当今这种大量生产和大量销售的时代，现代包装已经成了沟通生产者与消费者的最好桥梁。

1.1.2　包装的功能

通过前面的简要介绍，我们已经了解到包装的主要功能是盛装商品，以便于在运输、存贮、销售期间使产品处于良好的保存状态。但是包装设计发展到今天，其功能已经远远超出了最初的包装目的，对产品的包装赋予了更多的功能。

1.　保护产品

包装最基本的功能是保护产品，任何产品从生产到销售，中间都要经过存储、运输等诸多环节，在这个过程中，产品可能会由于日晒、雨淋、虫蛀、挤压、震动等影响，从而受到损害，因此，产品的包装必须具有保护功能，我们应该根据产品的特点，选择对产品具有很好的保护作用的包装材料和包装形态，如图 1-1 所示。

2.　容纳作用

如果没有包装，液体商品、气态商品、粉状商品就很难进行运输、储存，销售起来很不方便。因此，人们就使用不同材料（如金属、玻璃等）的容器作为商品的包装，将不易携带的物品进行封装，以方便运输、储存和销售，所以说包装具有容纳作用，如图 1-2 所示。

3．识别作用

一般来说，产品包装除了起到容纳、保护产品的功能外，还传递着重要的产品信息。一是产品本身的信息，如产品质量、名称、成分等；二是产品生产企业信息，如品牌、商标、地址等。所以，包装具有识别作用，消费者可以通过包装识别产品，了解产品的作用、使用方法、品牌、生产企业、生产日期等，以选购自己需要的产品。

在市场运作过程中，生产商往往利用包装强化产品的品牌意识，凭借独特的包装形式吸引消费者的注意，当某一品牌的产品在消费者心中留下良好的印象时，消费者就会凭借包装、品牌多次选购，如图 1-3 所示。

图 1-1　易于运输的木质包装

图 1-2　具有容纳作用的包装

4．促销作用

俗话说，货卖一张皮。这句话一针见血地说明了产品包装的重要性。特别是在当今激烈的市场竞争中，同样的产品，包装是否精美与得当，直接影响到产品在市场竞争中的成败。优秀的包装可以美化产品，提升产品档次，促进消费者的购买欲望，如图 1-4 所示。

图 1-3　易于识别的包装

图 1-4　提升产品档次的包装

5．增值作用

以月饼为例，几百元一盒的月饼与几十元一盒的月饼相比，究竟吃起来味道会差多少呢？难怪很多人都说，买月饼其实就是买包装。

质量相同的产品，放在不同的包装里，价格相差悬殊，这充分说明了包装的增值功能。成功的产品包装应该具有一定的增值功能，增值功能主要体现在两方面：一是在市场营销中，通过包装促进销售，从而实现销售额的增值；二是通过使用高档包装提高产品价格，获得更大利润，从而实现增值。

1.2　包装简史

产品包装学并不是一门新兴的学科，它具有悠久的发展史。那么，它是怎样一步一步地发展到现在这种状态的呢？未来又会向哪个方向发展呢？本节将简单介绍产品包装的演变过程。

1.2.1　最原始的包装——容器

实际上，在原始社会时期就有了包装的雏形，当时虽然没有包装的概念，但是为了方便物品的保存、携带与使用，古代的劳动人民用智慧和辛劳创造出了各式各样的形态优美的容器，如陶器、金银器、石器、玉器、木器、琉璃等，如图 1-5 所示。这些容器就是包装的雏形，它们已经具备了包装的某些基本功能。

图 1-5　原始社会制造的精美容器

1.2.2　包装的初步形成——实用的天然材料

古代劳动人民在长期的生产生活中，从身边的自然环境中发现了许多天然的包装材料，最初，人类是使用树叶、果壳、贝壳等天然材料包裹食物，例如，我们喜爱吃的粽子，最早产生在战国时期，使用箬叶作为包裹糯米的包装物，如图 1-6 所示。另外，我国古代人民采用的包装材料还有藤、草、葫芦、竹子、荷叶等。

图 1-6　箬叶作为包裹糯米的包装

1.2.3　包装的发展——造纸印刷术的运用

造纸术、印刷术都是我国古代的伟大发明，随着造纸印刷技术的不断进步，出现了纸包装。我国现存最早的纸包装资料是北宋时期山东济南刘家针铺的包装纸，如图 1-7 所示。该包装图形鲜明，文字简洁易记，已经具备了现代包装的基本功能，尤其是体现出了明确的促销功能。

公元前 100 年左右，出现了使用木箱做的包装，公元 300 年，早期的玻璃瓶在罗马的普通人家庭中使用，成为最早的玻璃包装。19 世纪初期，包装技术迅速结合了印刷技术，进入了一个全盛时期，特别在欧洲，为了宣传品牌形象，开始在玻璃瓶、陶瓷罐、金属容器、纸板盒等包装物的外部印刷标签，突出品牌形象，以起到引人注意、提高产品附加值的作用，如图 1-8 所示。

图 1-7　包装纸

图 1-8　印有标签的包装

1.2.4　包装的产业化——商业流通的促进

随着人类科技的进步，特别是欧洲工业革命以后，运输业的发展使商品流通的范围扩大到全世界。在这种情形下，包装必须形成产业化才能符合商品流通的需要。英国的 Lipton 茶包装最先统一使用经过精心设计的包装袋，被公认为是现代包装的先驱。

工业革命以后，机械化大生产逐步取代了传统的手工制作包装，包装机械的应用使包装更加标准化和规范化。在各工业化国家中，包装产业已经逐步发展成为集包装材料、包装机械、包装生产和包装设计为一体的产业化体系。

1.3 常见的包装材料

材料是包装设计的载体，设计者在进行包装设计时，不仅要考虑产品的属性，还要熟悉包装材料的自身特征。只有对包装材料运用自如，才能够充分体现包装的优势，使包装设计达到艺术与实用的完美结合。所以，进行包装设计时，合理地选择材料是至关重要的。一般来讲，选择包装材料时，应该以科学性、经济性、实用性为基本原则。

1.3.1 纸张类

纸张在包装中是运用较多的包装材料。不同的纸张有不同的性能，合理地使用纸张可以充分发挥它们的优势。

1. 牛皮纸

牛皮纸大都采用优质木材为原材料，使用硫盐工艺制造。其特点是表面粗糙多孔，抗拉强度和抗撕裂强度高。牛皮纸主要分为袋用牛皮纸、条纹牛皮纸、白牛皮纸等。由于牛皮纸的成本低、透气性好，因此，多用于购物袋、纸包装袋、食品、文件袋等。

2. 玻璃纸

玻璃纸是采用天然纤维素为材料加工而成的，有原色、洁白和各种彩色之分。玻璃纸的优点是薄、平滑、表面具有高强度和透明度，抗拉强度大，伸缩度小，透气性小，富有光泽。具有保鲜、防潮功能，多用于食品包装。

3. 蜡纸

蜡纸是在玻璃纸的基础上加工而成的，它具有半透明、不变质、不黏、防潮、无毒的特点，是很好的食品包装材料，可直接包裹食品。

4. 铜版纸

铜版纸分单面和双面两种，主要采用木、棉纤维等高级材料制成。有灰底铜版卡纸、白底铜版卡纸、铜版西卡纸等种类，其特点是底面平整洁白、黏力大、防水性好，多用于彩色套版印刷。

5. 瓦楞纸

瓦楞纸俗称箱板纸，是通过瓦楞机将有凹凸波纹槽的纸芯表面附上一层牛皮纸或黄板纸制成的，其特点是耐压、防震、防潮，非常坚固，多用于制作箱子，主要用途是保护商品、便于运输。

6. 白纸板

白纸板有灰底和白底两种，纸面平滑、质地坚固厚实，有较好的抗张力，耐折，适用于制作折叠纸盒。白纸板是应用比较广泛的一种纸包装材料，例如，日常生活中的各种小商品（如牙膏、化妆品等）的包装，几乎都是使用白纸板作为包装材料。

1.3.2 金属类

金属包装中使用最多的是马口铁皮和铝、铝箔、镀铬无锡铁皮等。金属类包装的主要形式有各种金属罐、金属软管、桶等，多应用在生活用品、饮料、罐头包装中，也出现在工业产品的包装中。

1. 马口铁皮

马口铁皮是由厚度小于 0.5 毫米的软铁制成的积层材料，并且表面采用镀锌处理，具有抗压、不易碎、不透气、耐锈蚀等优点，主要用于食品包装。

2. 铝

铝金属的特点是耐蚀、耐锈、密度小、延展性好、光亮持久，无毒无异味，并且可以在表面进行印刷处理。多用于制作易拉罐，作为液体饮料的包装。

3. 铝箔

铝箔是由铝压延而成的，其特点是保温、保香、保味功能强，可以有效地防菌、防霉、防潮，极为清洁，具有良好的适用性、经济性和卫生性，多用于食品包装。

1.3.3 塑料类

塑料也是常见的包装材料，它属于一种有机高分子聚合材料，具有高强度、防潮性、保护性、防腐蚀等特点，是非常好的内层包装材料。常用于商品包装的塑料有聚氯乙烯薄膜、聚丙烯吹塑薄膜、聚丙乙烯薄膜、聚偏乙氯乙烯薄膜、聚乙烯醇薄膜等。

聚氯乙烯薄膜：无毒并有一定的张力，透明性、机械性较好，但透气性较差，一般用作化工产品、药品、纺织品的包装。

聚丙烯吹塑薄膜：质轻、强韧、耐用，防潮性好、耐热、绝缘，多用于针织品、纺织品的包装。

聚丙乙烯薄膜：透明度高、透气度低、耐热性好、耐酸碱腐蚀，易加工成型，可防止水分和气味散失，一般用作保鲜膜。

聚偏乙氯乙烯薄膜：透明、质软、坚韧、不透气，但是不耐热，一般用作食品类的长期包装材料。

聚乙烯醇薄膜：透明、不透气、强韧耐磨，不易附着灰尘，一般用作食品、纺织品包装。

1.3.4 玻璃类

玻璃是一种无机物质，具有耐酸、稳定、无毒、无味、透明等特点，它是饮料、酒类、化妆品、食品等常用的包装材料。玻璃主要是作为包装容器出现的，实际上，绝大部分商品使用了玻璃包装以后，还要附加一个纸包装，例如，各种酒类就是很明显的例证。玻璃容器一般由玻璃吹塑或冲压制作成型，不同商品的包装可以使用不同形状的玻璃容器。

1.3.5 木制类

木制包装材料主要用于制作木盒、木桶、木箱等。制作包装的木材一般有木板、软木、胶合板、纤维板，木制包装具有耐压、抗菌等特点，适合制作运输包装和储藏包装。如果经过特殊或精细加工，可以用于特色包装或个性包装，适合包装土特产品、高档礼品或具有传统风格的商品。

1.4 包装设计基础

包装设计的范围包括三个方面：即容器造型设计、结构设计、装潢设计。三个方面互相联系、互相交叉，本书中的包装设计特指"装潢设计"。

1.4.1 包装与色彩

色彩是一门非常深奥的学问，它具有象征性和感情特征，在包装装潢设计中具有两重任务：一是传达商品的特性，二是引起消费者感情的共鸣。下面介绍一些色彩的基础知识。

1. 认识两种色彩模式

从事平面设计行业，不能不理解色彩模式。所谓色彩模式是指颜色形成的理论。在自然界中，一些物体可以自身发光，如太阳、灯等；另一些物体不能自身发光，但可以反射光。当解释这些物体的颜色时，就会用到两种不同的色彩模式，即 RGB 模式与 CMYK 模式。

RGB 模式也称为光色模式，它以红光（Red）、绿光(Green)、蓝光（Blue）为基色，每一种基色光都有 0~255 个级别的光强，当不发光时，用 0 表示；当光达到最亮时，用 255 表示。这样，每一种基色光就有 256 个级别。所以 RGB 三种颜色可以按照不同的比例混合出 $256 \times 256 \times 256 \approx 1678$ 万种颜色，它是应用最为广泛的一种色彩模式，所有发光的物体都是基于这种模式表现颜色的，如投影仪、电影、显示器等。

CMYK 模式可以用于解释不发光物体的颜色，不发光物体只所以也能呈现各种各样的颜色，是因为光线照射到物体上，产生了一定的漫反射和吸收，有一部分的颜色被吸收而另一部分颜色会被反射出来，反射出来的颜色就是我们所看到的颜色。例如，红色物体反射红色色光，而吸收其他色光，所以我们能看到它是红色的。

在实际生活中，CMYK 色彩模式主要用于印刷行业，它通过青色（Cyan）、洋红色（Magenta）、黄色（Yellow）三原色油墨进行不同配比的混合，可以产生非常丰富的色彩信息，并且使用从 0 至 100%的浓淡来控制。从理论上来说，只需要 CMY 三种油墨就足够了，它们三个 100%地混合在一起就应该得到黑色。但是由于目前制造工艺还不能造出高纯度的油墨，也就是说油墨中有杂质，所以 CMY 混合后的结果实际是一种暗红色，也就是说混合出来的黑色发红。因此，为了满足印刷的需要，单独生产了一种专门的黑墨（Black），所以 CMYK 模式也称为印刷四分色。

如图 1-9 所示分别为 RGB 模式与 CMYK 模式的原理图，两者在理论上是互补的。

图 1-9　两种色彩模式原理图

2.　包装色彩的心理感觉

不同的色彩给人不同的心理感觉，比如红色让人感到温暖，绿色让人感到清新；而不同明暗度的相同色彩也给人不同的心理感觉，比如颜色比较亮，让人感到明快的感觉，颜色比较暗则让人感到沉静。

■　色彩的冷暖感

色彩的冷暖主要受色相（Hue）的影响，红、橙、黄为暖色，容易让人联想到太阳、火焰等，即产生温暖之感；而青、蓝、紫为冷色，容易让人联想到冰雪、海洋、清泉等，即产生清凉之感。

在包装设计中，化工产品、科技产品等多用冷色调；而食品、酒类、妇幼产品等用暖色调的多一些，如图 1-10 所示。

■　色彩的轻重感

色彩的轻重感取决于色彩的明度。一般来讲，明度越高的颜色感觉越轻；明度相同的前提下，纯度越高的颜色感觉越轻；另外，冷色调比暖色调显得轻。

在包装设计中，画面下部一般使用明度、纯度低的颜色，以显稳定；儿童用品的包装宜用明度、纯度高的颜色，有明快之感。

■　前进感与后退感

在同一背景上，面积相同的物体由于色彩的不同，会给人以向前进或向后退的感觉。这主要取决于色彩的明度与色相，一般来讲，暖色近，冷色远；明色近，暗色远；纯色近，灰色远；鲜明色近，模糊色远。在设计包装时，鲜明、清晰的暖色可以突出主题；模糊、灰暗的冷色可以衬托主题，所以要恰当运用，如图 1-11 所示。

图 1-10　冷暖调的运用

图 1-11　色彩的进退感

■　色彩的味觉感

不同的颜色会引导出味觉、触觉、听觉和嗅觉等其他感觉的色彩联想形式。比如看到红色想起辣味。这是由于人们在过去的生活经验中，所食用过的食物、蔬菜等的色彩对味觉形成了一种概念性的反应。而对于没食用过的食物，则以它的外表色彩判断它的味道。一般说来，红色具有辣味；黄、白色具有甜味；绿色具有酸味；黑色具有苦味；白、青色具有咸味；米黄具有奶香味等。

由于色彩的味觉感不同，在设计食品包装时，采用相应的色彩会激起消费者的购买欲望，取得好的效果，如图 1-12 所示。

由于色彩具有心理影响与感情作用，所以在进行包装设计时，应充分考虑人们的年龄、性别、经历、民族和所处环境等的差别，合理地运用色彩的抽象表现规律，使色彩能更好地反映商品的属性，适应消费者的心理。

3.　包装的习惯用色

色彩影响人类的心理，可以让他们产生相应的联想，在进行包装设计时应当充分考虑到这一点。下面，对包装的习惯用色稍作说明。

图 1-12 色彩的味觉感

食品类常用鲜明、轻快的色彩。如用蓝、白色表示清洁、卫生、凉爽等；红色、橙色、黄色表示甜美、芳香、新鲜等。

化妆品类常用柔和的中间色彩。如用桃红、粉红、淡玫瑰红表示芳香、柔美、高贵等；对某些男用化妆品有时用黑色、深蓝色表示庄重、沉稳等。

儿童用品类常用鲜艳夺目的纯色或对比强烈的色彩，这些色彩可以表达出儿童的活泼、可爱等。

医药品类常用单纯的冷暖色彩。如用绿色、灰色表示宁静、消炎、止痛等；红、橙、黄色等表示滋补、营养、兴奋等；黑色表示有毒；红黑色块表示剧毒等；

纺织品类常用黑、白、灰色的层次关系，在调和中求对比；女性用纺织品多用艳丽、优雅的色彩。

由于色彩的心理作用十分复杂，而且往往随着国家、地区、民族、宗教信仰、时代的不同而变化，所以上述包装的习惯用色仅为参考，应视具体情况灵活运用。

1.4.2 包装与图案

图案是包装设计的主要内容之一，是包装信息的主要载体，对消费者有直接的影响力，是唤起消费者对产品注意的主要因素。在包装设计中，从形式上主要有三类图案：商品的商标、实物图形和装饰纹样。

1. 商标

商标即企业所生产的产品的标志，其特点是具有独特的识别性，让人们在瞬间达到一目了然、准确认识商品的目的。

在进行包装设计时，商标是必须运用的构成图案，也是传递信息的重要载体，它是品牌的象征，让人一看就知道它代表什么产品，是哪家企业的产品，从而产生潜在的思维与联想。因此，在包装设计中要突出商品的品牌、名称、商标等信息要素，在布局上可以根据具体情况分布在各个包装面上，使信息做到明确而有序，如图 1-13 所示。

2. 实物图形

包装图形的运用主要有两个目的——传达包装内容物和强化产品印象，增强艺术感染力。图形的获取主要是通过摄影、喷绘、绘画等方法实现的。

图 1-13　使用醒目的商标

摄影在现代包装设计中的应用十分广泛，它可以真实直观地传达商品的结构、造型、材料和品质，快速准确地传达商品信息，突出商品形象，诱导消费者的消费心理，促进消费者的购买欲望。将产品再现于包装上，要选择最美的摄影角度，并对背景进行有效的处理，强化产品的诱惑力，如图 1-14 所示。

图 1-14　在包装中使用摄影图形

喷绘是利用压缩空气将颜料从喷绘笔中喷射于画纸上的绘图方法，它可以结合绘画使用，达到普通绘画无法实现的效果。

将绘画应用于包装设计可以打破摄影的局限，使图形具有多变性，并且可以自由地对图像进行取舍、提炼、加工，巧妙地利用绘画可以使包装达到良好的艺术效果。

3.　装饰纹样

装饰纹样在包装中也有广泛的应用，它的内容十分丰富，具有典型的识别意义和联想效果，装饰纹样取材广泛，人物、风景、动物、植物不一而足。

装饰纹样强调平面化、简洁，讲究视觉上的韵律美，可以通过抽象的点、线、面来产生各种各样的装饰纹样，也可以通过夸张、象征的手法实现；另外，也可以在包装设计中运用中国传统图案，如龙纹、凤纹、民间剪纸、吉祥图案等，这样可以使包装具有很强的民族性和装饰性，如图 1-15 所示。

图 1-15　在包装中运用装饰纹样

4. 图案在包装设计中的具体应用

在商品的包装上使用图案时，图案与商品之间要有相关性，这样才能充分传达产品的特征，否则不具有任何意义，不能让人联想到任何东西。

图案分为具象图案与抽象图案，具象图案是指对物体的形象用写实性、描绘性的手法来表现；抽象图案是指用点、线、面的变化形成的没有直接含义而有间接联系的图形。一般地，在包装上使用具象图案的有罐头食品、糕饼、饮料、糖果、日常品等；使用抽象图案的有文具、清洁用品、化妆品等。概括性地说，如果产品偏重于生理，如吃的喝的，则多用具象图形；如果产品偏重于心理，如美化外表、社会地位、权势的，则用抽象图案多一些。

图形语言是包装设计中的基本要素之一，也是平面设计人员在进行包装设计时需要掌握的主要方法。必须做到灵活、合理的运用，才能设计出完整、优秀的包装产品。

1.4.3　包装与文字

文字是包装设计中的一个重要组成部分，也是商品最直接的销售手段。在商品包装中，可以没有图形，但不能没有文字，人们总是通过包装上的文字来认识、识别商品，文字除了具有传情达意的功能外，也是构成画面的重要因素，个性化的文字设计在包装中的作用不容忽视。

包装文字包括品牌文字、企业信息、说明文字和广告语等，其中品牌文字占有比较显赫的位置。在包装设计中，文字的设计是包装装潢的一个重要环节，它不仅能够向消费者传递商品信息，也是构成包装图案的重要元素，包装的视觉感染力很大程度上是由文字传达的。在设计包装文字时，要根据具体情况设计文字的字体、大小、位置、色彩和空间比例等。

现代包装设计非常注重画面中文字的排列。巧妙的文字排列方式，可以在由点到线、由线到面的变化中产生优美的韵律。因此，在包装设计中，商品的名称和品牌名称是主要的，在包装上要占据重要的位置，字体应写得大些；成分、说明、型号等文字是次要的，字体应写得小一些；国名、地名、厂名则是最次要的，字体应写得最小。文字的排列可分为水平、垂直和倾斜三种形式，不同的形式表现出不同的风格和感情。水平和垂直排列给人以安静和固定的感觉，倾斜排列比较具有动感。将三种排列形式结合起来运用，可以使包装画面产生丰富、生动的效果，如图 1-16 所示。

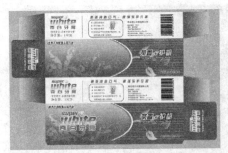

图 1-16   包装文字的编排

1.5   包装设计的流程

产品包装从设计到生产、再到销售是一个科学、严谨而又复杂的过程，作为设计人员来说，从事包装设计时，主要应该做好两大方面：第一是前期的市场调研与策划；第二是包装设计与制作。

1.5.1   前期调研策划

这一阶段是包装策划的初始阶段。俗语说，磨刀不误砍柴工。前期调研策划是包装设计过程中非常重要的一个环节。通常情况下，接到一个包装项目以后，设计师要先明确三件事，即消费者（产品的目标人群）、产品（产品自身层次）竞争对手。

1.   产品的目标群体

产品的目标群体即产品消费群，通俗地说，就是生产出来的产品卖给谁，由谁来消费。一般地，对于具有专业市场知识的企业来说，他们很明确自己的目标群体；但对于较小的企业来说，他们可能没有明确的目标群体，作为设计人员，这时应该多与销售人员交流，搞清楚他们的产品主要卖给哪些人；如果是新产品，则应该与开发人员交流，了解他们的目标群体。

明确了产品的目标群体之后，接下来就要通过市场调研，了解这部分人群的审美观念、喜好等，在设计产品包装时融入目标群体喜好的元素。例如，卖给青年人的产品，其包装应该加入前卫时尚的元素；而针对老年人的产品，则可以使用一些稳重、怀旧的元素等。

2.   产品的层次定位

所谓产品的层次即平时所说的"档次"，在设计包装物时，一定要搞清楚所包装的产品在同类商品中处于什么样的档次。

一般来说，商品包装的档次和商品的档次成正比。假设一流产品用了二流包装，则影响消费者对商品的价值的判断，不利于企业盈利；而产品档次过低，包装档次过高，则容易误导消费者，不利于企业长期发展。

但是，商品的档次和包装档次并不是绝对平等的，二者之间存在着一定的灵活性和容忍度。通常包装的档次高于产品的档次，以提高产品的附加值，但是必须在商业道德允许的范围内。

3.　竞争对手的定位

新产品上市之前，一定要搞清竞争对手是谁，正所谓"知彼知己，百战不殆"。设计产品包装时，一定要参考竞争对手的包装。包装艺术的大忌是雷同、无新意，因此，更不能与竞争对手的包装雷同。

设计人员应该寻找出产品本身与竞争对手相比有什么不同点或优点，包括产品性能、作用、品质、乃至历史渊源等，然后在包装上体现出来；另外，还要深入了解市场，充分认识消费者的审美特征和消费心理，找出对方包装上的不足，完善在自己的产品包装上。

1.5.2　电脑制作流程

在现代包装设计中，计算机是不可缺少的设计工具。确定了设计方案后，往往要使用计算机完成设计方案的制作，其流程可以分为三大步：处理素材图形、平面图的制作、立体效果图的制作。

1.　处理素材

当一个完整的设计方案确定后，接下来的工作就是依据设计方案处理素材，包括图形素材、文字素材、包装结构设计等。

图形素材包括主体图片、企业标识、商标等。主体图片可以是摄影作品、绘画作品、抽象图形等，对于比较复杂的主体图片可以委托专业部门去完成，也可以自己去拍摄或者通过电脑进行设计，这需要视具体情况而定；企业的标识与产品的商标可以通过扫描的形式获得，如果要重新进行绘制，需要严格按比例进行绘制，不能随意修改或变形。

文字素材主要指品牌文字、广告词、功能性说明文字、企业的信息等，这一部分素材可以在制作的过程中直接通过软件进行输入。在文字素材中，如果品牌文字是艺术字体或者是名人的题字，可以通过扫描的方式输入电脑。

包装结构是指构成立体包装物的结构设计，这一点对于制作平面图来说非常重要。不论包装物是什么包装材料、什么包装形式，我们必须在准备阶段搞清它的结构图，以便在下一步操作中进一步实施设计方案。

总之，处理素材的阶段也就是准备阶段，在这一过程中，要把设计与制作包装物的所有素材都准备好，避免使用时出现手忙脚乱的局面。

2.　制作平面图

这里所说的平面图是指包装物的平面展开图。实际上，包装与装潢是依附于包装立体上的平面设计，是包装外表上的视觉形象，包括文字、摄影、插图、图案等要素。因此，在制作平面图时要综合考虑两方面的因素：一是制作因素，二是设计因素。

不论是什么形式的包装，将其展开后都是由多个面构成的，日常生活中最常见的包装形式就是盒式包装，一般由 6 个面构成，在设计时只需要考虑 5 个面，因为底面一般不需要设计。

由于包装是一个有机的整体，因此在设计与制作时要把握好一个基本原则：即整体协调统一、重点突出、一目了然。主展面是设计与表现的重点，它往往直接面对消费者，因此，主展面通常采用文字和特写形象的手法直接表现商品，增加宣传作用。另外，主展面并不是孤立的，这是包装整体的一部分，一个需要重点表现的局部。由于包装是立体的，人们可以从各个方向观察包装效果，因此，在重点表现主展面的同时还要考虑与其他面的相互关系，通过文字、图形和色彩之间连贯、重复、呼应和分割等手法，形成一个统一整体，如图 1-17 所示是两个不同包装盒的平面展开图。

图 1-17　包装盒的平面展开图

3.　制作效果图

包装效果图既是向客户展示包装设计方案最直接的途径，也是设计师检验设计缺陷或不足的有效手段。因此，包装效果图的制作是非常重要的一环。一方面，它可以说服客户接受设计方案；另一方面，对筛选设计方案、检验包装结构是否合理、立体构成是否美观也是重要的一环。

包装效果图与平面图的制作存在着较大的区别，特别是在 Photoshop 中制作立体效果图，透视的角度非常重要，只有正确的透视才能产生更加接近实际的效果，直观性更强。如图 1-18 所示为不同包装物的立体效果图。

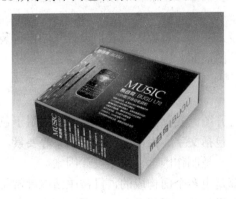

图 1-18　包装物的立体效果图

1.6　Photoshop CS4 基础

Photoshop 的功能越来越强大，其普及程度也越来越广泛，主要应用于广告设计、包装印刷、照片处理等行业。由于本书旨在介绍 Photoshop 在包装设计中的运用，所以，这里只简单介绍一下 Photoshop 的基础知识。

1.6.1　认识界面

与以前的版本相比，Photoshop CS4 的工作界面变化比较大，比较突出的变化有三点：一是图像窗口由原来的浮动式改为了标签式；二是增加了一个快捷工具栏；三是提供了多种不同的工作区设置，如图 1-19 所示。

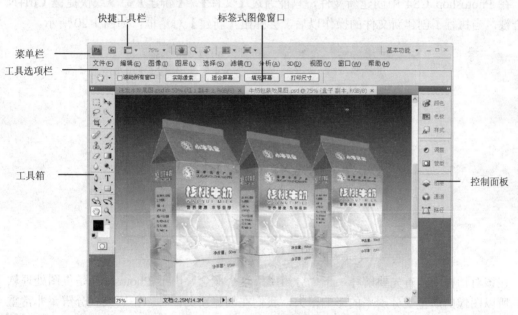

图 1-19　Photoshop CS4 的工作界面

- **快捷工具栏**：这是 Photoshop CS4 新增的功能，它将一些最常用的命令整合在一起，便于快速地操作与切换界面。当窗口最大化时，快捷工具栏将出现在菜单栏的右侧，否则出现在菜单栏的上方。
- **菜单栏**：共有 11 组菜单，分别是文件、编辑、图像、图层、选择、滤镜、分析、3D、视图、窗口、帮助。这些菜单中包含了 Photoshop 的大部分操作命令。
- **工具选项栏**：它是 Photoshop 的重要组成部分，在使用任何工具之前，都要在工具选项栏中对其进行参数设置。选择不同的工具时，工具选项栏中的参数也将随之发生变化，
- **工具箱**：放置了 Photoshop 的所有创作工具，它包括选择工具、修复工具、

填充工具、绘画工具、3D 控制工具、路径工具等。要使用某个工具时，直接单击就可以。

- **控制面板**：主要用来监视和编辑、修改图像，Photoshop CS4 的控制面板做了很大改进，同时还新增了若干控制面板。默认情况下，控制面板是成组出现的，并且以标签来区分。
- **图像窗口**：无论是新建文件还是打开文件，都会出现一个窗口，这个窗口称为"图像窗口"。在 Photoshop CS4 中，图像窗口以标签的形式出现。

1.6.2 如何创建新文件

创建新文件是 Photoshop 工作的开始，新文件的规格是由工作任务决定的，也就是说，图像的尺寸、分辨率等参数取决于我们要完成的任务。

在 Photoshop CS4 中创建新文件，只能通过【文件】/【新建】命令或快捷键 Ctrl+N 组合键，当执行了创建新文件的操作以后，会弹出【新建】对话框，如图 1-20 所示。

图 1-20 【新建】对话框

在该对话框中，首先要解释一下"分辨率"这个概念。由于 Photoshop 是位图处理软件，所以图像的质量受分辨率的影响很大，我们在创建新文件时，正确设置分辨率非常重要。在 Photoshop 中，图像的分辨率是指单位长度上的像素数，习惯上用每英寸中的像素数来表示，因此单位是"像素/英寸"。一般来讲，分辨率越高，图像越清晰。但是，分辨率过高，机器运行就会减慢，所以要合理设置图像的分辨率。

提示注意

根据经验，如果图像用于制版印刷，分辨率应不低于 300 px/in；如果图像用于屏幕显示（如制作网页），分辨率应设置为 72 px/in，如果用于影楼的照片处理，一般分辨率设置为 254 px/in。

另外，在创建新文件时，还要注意留出"出血"，一般为 3 mm。所谓出血，是指设计稿的图案或色块应该超出印刷成品尺寸 3 mm，避免在裁切成品的过程中出现白边，影响美观。

根据实际任务，在该对话框中设置相应的参数，即可创建新文件。

1.6.3　使用矢量图形

在包装设计领域中，经常会用到大量的矢量图形，这也是当今设计的新潮流，很多设计师喜欢在一些作品中加入矢量风格的图案。

Photoshop 支持一些常用的矢量文件，例如 AI、EPS、PDF 等，但是不支持 CDR 文件。如果要使用矢量图形，可以通过【文件】/【置入】命令，在置入矢量文件时，置入的图形会出现在图像窗口中央，并且具有一个变形框，我们可以在置入文件的同时对其进行缩放或旋转，如图 1-21 所示。

图 1-21　置入的图形

置入矢量图形以后，【图层】面板中将自动产生一个智能对象图层，如图 1-22 所示，如果要对该智能对象进行填充、绘画等操作，需要先栅格化智能对象，执行菜单栏中的【图层】/【栅格化】/【智能对象】命令即可。

图 1-22　【图层】面板

1.6.4　图层及其属性

图层是 Photoshop 中非常基础的内容，几乎所有的操作都依赖于图层的支持。我们可以这样理解图层——它是用于编辑图像的透明电子画布，把图像的不同部分放在不同的图层中，然后把所有的图层叠放在一起便是一幅完整的图像。如图 1-23 所示，左侧的图像效果是由右侧的 4 个图层叠加而成的。

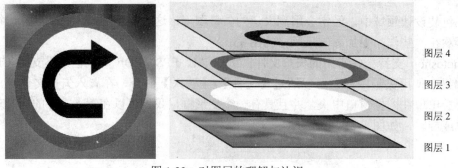

图层 4
图层 3
图层 2
图层 1

图 1-23   对图层的理解与认识

对图层的操作大部分是在【图层】面板中完成的。【图层】面板是专门用于控制图层的组件，单击菜单栏中的【窗口】/【图层】命令或者按下 F7 键，可以打开【图层】面板，在【图层】面板中可以观察到图像由多少图层构成，也可以进行创建、隐藏、显示、复制、合并、链接及删除图层等操作。

在【图层】面板中，为了保护图层内容还可以设置图层的锁定属性。锁定图层后，图层名称的右侧会出现一个锁状图标 🔒。在【图层】面板中有四个锁定按钮：锁定透明像素 ⊠、锁定图像像素 🖌、锁定位置 ✛ 和全部锁定 🔒。单击不同的按钮时可以锁定相关内容，不允许用户进行编辑。

- 单击 ⊠ 按钮，使之呈凹陷状态，则图层中的透明区域受到保护，不允许被编辑。
- 单击 🖌 按钮，使之呈凹陷状态，则图层中的任何内容都受到保护，不允许被编辑。
- 单击 ✛ 按钮，使之呈凹陷状态，则图层的位置被锁定，不允许被移动。
- 单击 🔒 按钮，使之呈凹陷状态，将全部锁定图层，即锁定透明像素、锁定图像像素、锁定位置。

1.7   包装效果图的表现技巧

在表现包装的立体效果图时，往往会将包装物置于单一的背景画面当中，然后添加倒影或阴影效果，以突出产品包装的视觉效果。下面将针对这方面的内容介绍一些 Photoshop 表现技术。

1.7.1   盒式包装物的制作

盒式包装是最常见的产品包装类型，在 Photoshop 中表现盒式包装时，主要运用自由变换技术与透视原理，即根据透视原理制作出包装盒的两个或三个面，构成一种真实的视觉效果。

所谓透视，是指物体在一定距离内产生视觉上的近大远小，近实远虚的概念，但现实中的物体并没有变大或变小，只是人为地把前面的物体处理得清、实、大一些，以突出画面层次。在包装设计中运用的透视主要有两种：即平行透视与成角透视。

平行透视也叫一点透视，即物体有一个面与画面平行，在视平线上有一个消失点，如图 1-24 所示。成角透视也叫二点透视，即物体在视平线上有两个消失点，如图 1-25 所示。

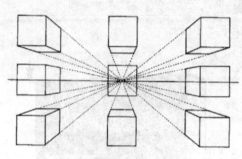

图 1-24 平行透视

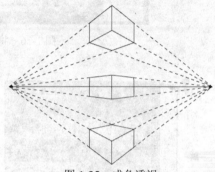

图 1-25 成角透视

在 Photoshop 中主要运用自由变换技术来表现包装的立体效果。自由变换命令的快捷键是 Ctrl+T 组合键，执行该命令以后，图像周围会出现一个变形框，这时可以做如下操作：

- 将光标移到变形框外，当光标变为弯曲的双箭头形状时按住鼠标左键拖动，可以对图像进行旋转操作。
- 将光标移到变形框的四边控制点上，当光标变为双箭头时拖动鼠标，可以改变图像的宽度或高度；将光标移到变形框的角端控制点上，光标变为双箭头时拖动鼠标，可以对图像进行缩放变形。按住 Alt+Shift 组合键的同时拖动鼠标，则以中心为基准等比例缩放。
- 将光标移到变形框的任意一个控制点上，按住 Ctrl 键的同时拖动鼠标，可对图像进行扭曲变形。这项操作是制作产品包装盒的主要技术。
- 将光标移到变形框的任意一个控制点上，按住 Shift+Ctrl 组合键的同时拖动鼠标，可以对图像进行拉伸变形。
- 将光标移到变形框的任意一个角部控制点上，按住 Alt+Shift+Ctrl 组合键的同时拖动鼠标，可以对图像进行透视变形。

下面介绍如何运用 Photoshop 的自由变换技术制作包装效果图，建议读者仔细体会其中的制作技巧。

（1）将包装的正面与侧面放在不同的图层上，并且对齐摆放，如图 1-26 所示。

（2）在【图层】面板中选择"侧面"图层，按下 Ctrl+T 组合键添加变形框，然后按住 Ctrl 键的同时向上推动左下角的控制点，向下推动左上角的控制点，再适当向右拖动左边中间的控制点，如图 1-27 所示，最后按下回车键确认变换操作。

（3）选择"正面"图层，按下 Ctrl+T 组合键添加变形框，然后按住 Ctrl 键的同时向上推动右下角的控制点，向下推动右上角的控制点，如图 1-28 所示，最后按下回车键确认变换操作。

图 1-26　将图像放在不同的图层上

图 1-27　调整侧面　　　　　　　　　　　图 1-28　调整正面

通过上面的三步操作，得到了一个成角透视的包装效果图。接下来我们再介绍一下平行透视效果图的制作。

（1）　将包装的正面、侧面与顶面放在不同的图层上，并且对齐摆放，如图 1-29 所示。

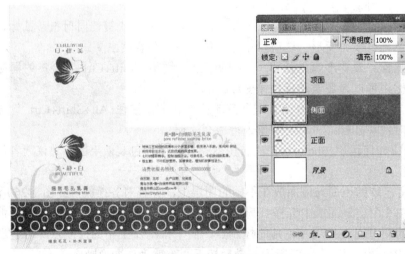

图 1-29　将图像放在不同的图层上

（2）　在【图层】面板中选择"侧面"图层，按下 Ctrl+T 组合键添加变形框，然后按住 Ctrl 键的同时向左上方拖动右边中间的控制点，再适当向下推动右上角的控制点，如图 1-30 所示，最后按下回车键确认变换操作。

（3）选择"顶面"图层，按下 Ctrl+T 组合键添加变形框，然后按住 Ctrl 键的同时向右下方拖动上边中间的控制点，使右上角的控制点与侧面顶角重合，再略向右拖动左上角的控制点，如图 1-31 所示，最后按下回车键确认变换操作。

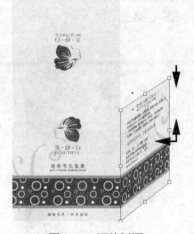

图 1-30　调整侧面　　　　　　　　　　　图 1-31　调整顶面

以上介绍了两种透视状态的包装盒的制作，制作过程中要注意以下几个细节：一是先将几个面对齐摆放再变换操作；二是对控制点的调整要有序，一步到位；三是要对各个面进行明暗处理，增强立体效果，可以使用调整命令，也可以使用加深/减淡工具。如图 1-32 所示为处理明暗后的包装效果。

图 1-32　处理明暗后的包装效果

1.7.2　倒影的制作

为了突出包装的视觉效果，在表现产品包装效果图时，经常制作倒影效果。在 Photoshop 中如何才能制作出逼真的倒影效果呢？首先必须搞清楚包装物与倒影之间的关系以及倒影的特点。

第一，倒影与包装物之间是镜像关系；第二，倒影比实物略模糊一些；第三，倒影比实物淡一些；第四，倒影有衰减，即越来越弱。

了解了倒影的上述特点以后，制作倒影效果就轻而易举了。使用的 Photoshop 技术分别是垂直翻转、高斯模糊、图层的不透明度、图层蒙版。下面以化妆品包装盒为例，介绍倒影的制作步骤。

（1）由于倒影中出现的只是正面与侧面，所以在【图层】面板中复制"正面"与"侧面"图层，然后分别执行【编辑】/【变换】/【垂直翻转】命令，如图 1-33 所示。

（2）在图像窗口中分别调整复制图像的位置，如图 1-34 所示。

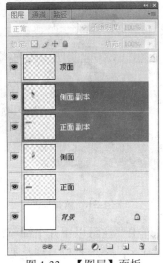

图 1-33　【图层】面板

图 1-34　调整复制图像的位置

（3）通过图像窗口可以观察到侧面的倒影不符合实际，所以要对它进行调整，按下 Ctrl+T 组合键添加变形框，然后按住 Ctrl 键的同时向上拖动右边中间的控制点，使之与侧面对齐，结果如图 1-35 所示。

（4）在【图层】面板中选择"正面 副本"层为当前图层，单击菜单栏中的【滤镜】/【模糊】/【高斯模糊】命令，在弹出的【高斯模糊】对话框中设置参数如图 1-36 所示。

图 1-35　调整复制的图像

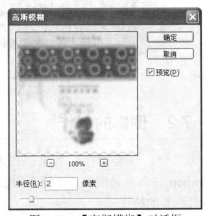

图 1-36　【高斯模糊】对话框

（5）　单击 确定 按钮，则图像产生了模糊效果，如图 1-37 所示。

（6）　在【图层】面板中选择"侧面 副本"层为当前图层，按下 Ctrl+F 组合键，重新执行上一次的【高斯模糊】命令，则图像效果如图 1-38 所示。

图 1-37　模糊效果

图 1-38　图像效果

（7）　在【图层】面板中选择"正面 副本"层为当前图层，设置【不透明度】值为 30%，然后单击面板下方的 按钮，为该层添加图层蒙版。

（8）　选择工具箱中的 工具，在工具选项栏中选择"黑，白渐变"，然后在图像窗口中由下向上拖动鼠标，使倒影产生衰减效果，如图 1-39 所示。

（9）　用同样的方法，选择"正面 副本"层为当前图层，并通过图层蒙版使该层中的图像产生衰减效果，如图 1-40 所示。

图 1-39　倒影产生衰减效果

图 1-40　倒影产生衰减效果

（10）　为了使包装物与倒影之间有一个明显的分界，应该在底部制作一个暗影。按住

Shift+Ctrl 组合键分别单击"正面"、"侧面"和"顶面"图层,建立一个与包装物一致的选区。

（11） 在【图层】面板中创建一个新图层,将其调整到"背景"层的上方,效果如图 1-41 所示。

（12） 设置前景色为黑色,按下 Alt+Delete 组合键填充前景色,然后在图像窗口中将图像略向下移动,再使用【高斯模糊】命令做模糊,完成后的效果如图 1-42 所示。

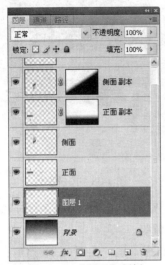

图 1-41 【图层】面板

图 1-42 图像效果

以上内容详细地介绍了表现包装效果图的一些技法,希望读者掌握其要领。在今后的实例制作中加以运用。其实,制作方法并不一定唯一,关键是我们要抓住立体包装的一些特征,如透视、投影、倒影等,并且能够运用相应的 Photoshop 技术表达出来。

本章力求为读者介绍一些包装基础知识,如概念、发展过程、包装材料、设计基础以及 Photoshop 技能等,让读者对产品包装有一个整体的认识。从本书第 2 章开始,我们将重点学习包装案例的设计与制作。

第 2 章

日常用品包装设计与制作

　　日常用品包装设计是指与人们日常生活、工作和学习息息相关的产品包装设计。例如牙膏、洗衣粉、纺织品、床上用品等的包装设计。此类产品的购买人群一般是家庭主妇和年轻女性，所以，在进行日常用品的包装设计之前，要深入了解家庭主妇和年轻女性的消费心理和审美需求。

　　本章将通过实用案例的制作，了解日常用品包装的特点、材料及印刷制作过程中的工艺和 Photoshop CS4 的相关技能。

2.1　牙膏包装设计

　　牙膏是最常见的日用品，对于非专业设计人员来说，没有人去关注其外包装，而更多的是关注其品牌、口味与使用效果。但是从事包装设计的人员往往会有一种职业习惯，大多会关注其包装结构、色彩、图案构成等。本节将向读者讲解一组牙膏包装的设计与制作。

2.1.1　效果展示

　　本例效果如图 2-1 所示。

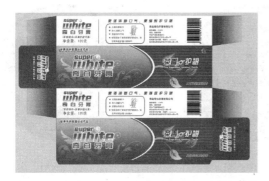 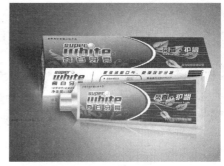

图 2-1　牙膏包装的平面图与效果图

2.1.2　基本构思

　　要做好一个产品包装，必须建立在对产品、客户及市场深入了解的基础上。该产品为具有"茶香+护龈"功效的牙膏，所以我们选择绿色作为主色调，一方面茶是绿色的，用绿色为主色调突出了茶的成分；另一方面绿色代表健康，又体现了护龈功能。在版面构成上，用两道弧线分割图像，左边突出产品 LOGO，右边则突出产品类型和功效，既让消费者对产品的信息一目了然，又不失美观大方。

2.1.3　制作外包装的展开图

　　牙膏的包装分为两部分：一是盒式的外包装；二是内部软管包装，即内包装。外包装的规格尺寸存放于本书光盘的"第 02 章"文件夹内，读者可以直接调用；内包装的展开图比较简单，可以根据每条边的尺寸在 Photoshop 中直接画出来。

1.　外包装规格尺寸的制作

（1）　单击菜单栏中的【文件】/【打开】命令，打开本书光盘"第 02 章"文件夹中"牙膏盒型.jpg"文件，如图 2-2 所示。将其另存为"牙膏包装展开图.psd"文件。

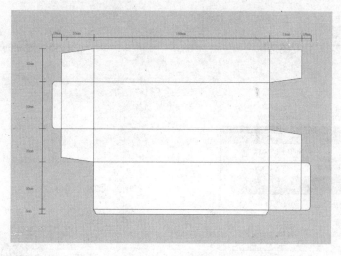

图 2-2　打开的文件

提示注意

　　由于书中案例为教学所用，所以降低了文件的分辨率，如需印刷，分辨率应设置为 300 ppi，另外，所有的实例都提供了包装结构图，并标明了实际尺寸。读者可以直接打开文件使用。

（2）　选择工具箱中的 工具，在工具选项栏中设置选项如图 2-3 所示。

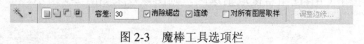

图 2-3　魔棒工具选项栏

（3）　在盒子结构图外的灰色位置单击鼠标建立选区，如图 2-4 所示。

（4）　选择工具箱中的 工具，按住 Shift 键框选尺寸标注，将标注线与文字也加入选区。

（5）　按下 Shift+Ctrl+I 组合键，建立反向选区，则选择了盒子的结构图，如图 2-5 所示。

（6）　按下 Ctrl+J 组合键，将选区内的图像拷贝到一个新图层"图层 1"中，如图 2-6 所示。

（7）　按下 Ctrl+R 组合键显示标尺，在包装结构线的转折处创建若干条参考线，如图 2-7 所示。

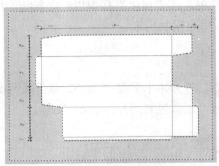

图 2-4　建立的选区

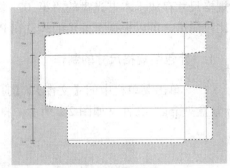

图 2-5　建立的选区

图 2-6　【图层】面板

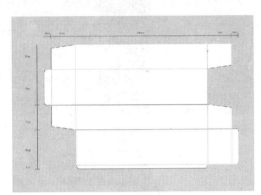

图 2-7　创建的参考线

提示注意

　　当使用选择工具时（如选框工具、套索工具、魔棒工具等），如果书中没有给出具体的工具选项，均指【羽化】值为 0，在此特别提醒读者。

　　（8）　在【图层】面板中锁定"图层 1"的透明像素，如图 2-8 所示。

　　（9）　设置前景色为深绿色（CMYK：96、23、100、23），按下 Alt+Delete 组合键填充前景色，再按下 Ctrl+D 组合键取消选区，则图像效果如图 2-9 所示。

图 2-8　锁定透明像素

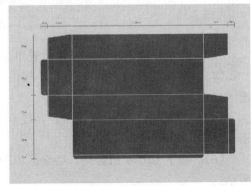

图 2-9　图像效果

教你一招

　　在前面的操作中，我们几乎都使用了快捷键。Photoshop 中的快捷键很多，使用它们可以提高工作效率。在以后的章节中，我们还会介绍很多快捷键，建议读者将这些快捷键记下来并熟练使用。当熟练操作快捷键以后，就可以按 Tab 键将工具箱和面板等隐藏起来，在全屏模式下工作，从而获得更大的工作空间。

2．正面图案的制作

　　（1）　选择工具箱中的 ▣ 工具，在横向第二条和第三条参考线之间创建一个矩形路径，如图 2-10 所示。

　　（2）　选择工具箱中的 ◯ 工具，在图像窗口再创建一个椭圆形路径，其位置如图 2-11 所示。

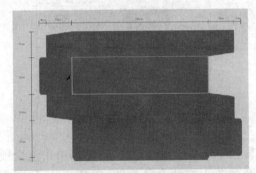

图 2-10　创建的矩形路径

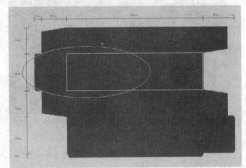

图 2-11　创建的椭圆形路径

提示注意

　　为了使图像表述清楚，本书在截图的时候，暂时将参考线隐藏了。隐藏参考线的快捷键是 Ctrl+; ，操作过程中可能会随时显示或隐藏参考线，以后不再特殊说明。

　　（3）　选择工具箱中的 ▶ 工具，同时选择矩形路径和椭圆形路径，然后在工具选项栏中先按下 按钮对齐路径，再按下 按钮，设置路径的运算方式为"相交"，如图 2-12 所示。

图 2-12　组合属性

　　（4）　单击工具选项栏中的 组合 按钮，则组合后的路径效果如图 2-13 所示。

　　（5）　按下 Ctrl+Enter 组合键，将路径转换为选区。然后在【图层】面板中创建一个新图层"图层 2"，如图 2-14 所示。

技术看板

　　在 Photoshop 中，形状工具有 3 种工作方式：即形状图层、路径、填充像素。可以通过工具选项栏中的 □ ▣ □ 按钮进行切换，如果要创建路径，需要按下中间的"路径"按钮。

　　路径可以做相加、相减、相交、排除运算，正确运算的关键是第二个路径的属性设置。一般来讲，做哪一种运算，第二个路径就设置为哪一种运算方式，而第一个路径设置为"相加"即可。

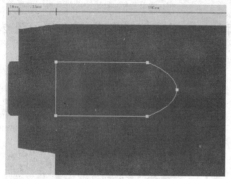

图 2-13　组合后的路径效果

图 2-14　创建新图层

　　（6）　选择工具箱中的 ▣ 工具，在工具选项栏中选择"线性渐变"，然后单击渐变预览条，在弹出的【渐变编辑器】窗口中设置渐变条下方两个色标的 CMYK 值分别为（100、24、100、24）和 30、0、100、0），如图 2-15 所示。

　　（7）　单击 ████ 确定 按钮，按住 Shift 键由下向上拖动鼠标，在选区内填充渐变色，再按下 Ctrl+D 组合键取消选区，效果如图 2-16 所示。

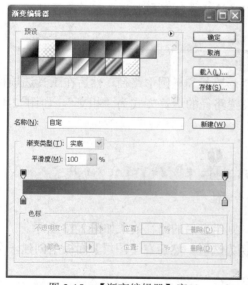

图 2-15　【渐变编辑器】窗口

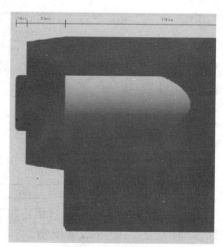

图 2-16　图像效果

提示注意

Photoshop 提供了 5 种渐变方式，分别是线性渐变■、径向渐变■、角度渐变■、对称渐变■、菱形渐变■。在包装设计中，使用前两种渐变方式较多。使用渐变工具填充渐变色时，要特别注意拖动鼠标的起始点与终止点，它影响着渐变色的效果。

（8）　在【图层】面板中复制"图层 2"，得到"图层 2 副本"，将该层调整到"图层2"的下方，然后锁定该层的透明像素。

（9）　设置前景色为蓝色（CMYK：100、40、0、0），按下 Alt+Delete 组合键填充前景色，然后略微向右移动一下图像的位置，效果如图 2-17 所示。

（10）　用同样的方法，再制作一个白色的弧形，效果如图 2-18 所示。

 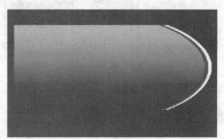

图 2-17　图像效果　　　　　　　　　　　　图 2-18　图像效果

教你一招

图层的位置关系影响图像的效果，在【图层】面板中可以直接调整图层的位置关系，除此之外，使用快捷键更加方便。Ctrl+]上移一层，Ctrl+[下移一层，Shift+Ctrl+]置为顶层，Shift+Ctrl+[置为底层。

（11）　单击菜单栏中的【文件】/【置入】命令，将本书光盘"第 02 章"文件夹中的"牙膏 LOGO.ai"文件置入图像窗口中，将该层调整到【图层】面板的最上方，然后适当调整图形的大小和位置如图 2-19 所示。

图 2-19　置入的图形

（12） 单击菜单栏中的【图层】/【图层样式】/【斜面和浮雕】命令，在弹出的【图层样式】对话框中设置各项参数如图 2-20 所示。

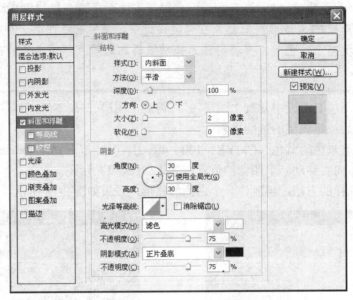

图 2-20 　【图层样式】对话框

（13） 在对话框左侧选择【描边】选项，设置描边色为白色，设置其他各项参数如图 2-21 所示。

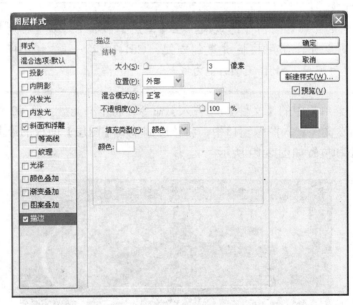

图 2-21 　【图层样式】对话框

（14） 单击 确定 按钮，则图形效果如图 2-22 所示。

（15） 选择工具箱中的 T 工具，在图像窗口中单击鼠标，输入文字"世界牙科联盟认证产品"，其大小和位置如图 2-23 所示。

图 2-22　图形效果

图 2-23　输入的文字

（16）　单击菜单栏中的【图层】/【图层样式】/【描边】命令，在弹出的【图层样式】对话框中设置描边色为白色，设置其他参数如图 2-24 所示。

（17）　在对话框左侧选择【投影】选项，设置投影色为黑色，如图 2-25 所示。

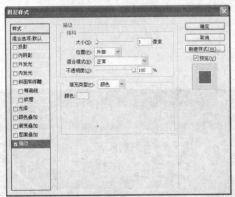

图 2-24　【图层样式】对话框

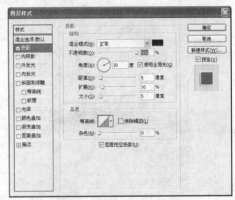

图 2-25　【图层样式】对话框

（18）　单击 确定 按钮，则文字效果如图 2-26 所示。

（19）　将本书光盘"第 02 章"文件夹中的"花纹.ai"文件置入图像窗口中，在【图层】面板中将"花纹"层调整到"牙膏 LOGO"层的下方，调整图形的大小和位置如图 2-27 所示。

图 2-26　文字效果

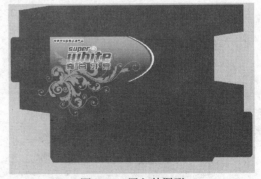

图 2-27　置入的图形

技术看板

Photoshop 对矢量图形的支持越来越强大，在 Photoshop 中可以直接置入 AI 文件、EPS 文件等矢量图形。置入矢量图形时有三点主要特性：第一，置入图形的同时可以对其进行变换操作；第二，置入的图形自动转换为智能对象；第三，置入图形后自动生成新图层，图层名称为矢量文件的名称。

（20） 按下 Alt+Ctrl+G 组合键，将该层与"图层 2"之间创建剪贴蒙版，然后在【图层】面板中设置"花纹"层的混合模式为"叠加"，如图 2-28 所示，则图像效果如图 2-29 所示。

图 2-28 【图层】面板

图 2-29 图像效果

（21） 选择工具箱中的 工具，在弧线的右侧单击鼠标，创建一条细长的选区，如图 2-30 所示。

（22） 按住 Alt+Shift+Ctrl 组合键在【图层】面板中单击"图层 1"的缩览图，获得与该层图像相交部分的选区，如图 2-31 所示。

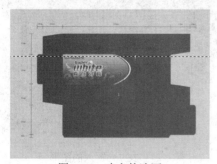

图 2-30 建立的选区

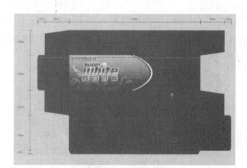

图 2-31 编辑选区

（23） 在【图层】面板中创建一个新图层"图层 3"，设置前景色为浅绿色（CMYK：50、0、100、0），按下 Alt+Delete 组合键填充前景色，然后将该层调整到"图层 1"的上方，结果如图 2-32 所示。

图 2-32　图像效果

（24）　选择工具箱中的 工具，在图像窗口中按住 Alt+Shift 组合键向下拖动直线，将其复制 14 条，并将最后一条直线调整到弧线的下方，如图 2-33 所示。

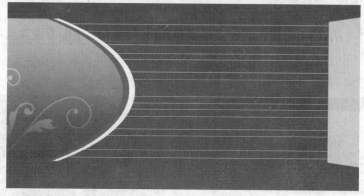

图 2-33　复制的直线

（25）　在【图层】面板中同时选择"图层 3"至"图层 3 副本 14"，在移动工具选项栏中单击 按钮，将选择的直线平均分布，结果如图 2-34 所示。

图 2-34　分布后的效果

（26）　在【图层】面板中选择"图层 3 副本 14"为当前图层。

（27）　将本书光盘"第 02 章"文件夹中的"茶叶.ai"文件置入图像窗口中，调整图形的大小和位置如图 2-35 所示。

图 2-35　置入的图形

（28）　单击菜单栏中的【图层】/【栅格化】/【智能对象】命令，将"茶叶"层转换为普通图层。

（29）　按下 Ctrl+U 组合键，在弹出的【色相/饱和度】对话框中设置选项如图 2-36 所示。

（30）　单击 ⬚确定⬚ 按钮，则图像效果如图 2-37 所示。

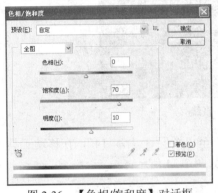

图 2-36　【色相/饱和度】对话框

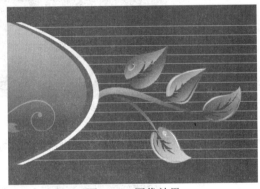

图 2-37　图像效果

（31）　选择工具箱中的 T 工具，在图像窗口分别输入文字"茶香+"、"护龈"以及英文等，其中"茶香+"、"具有浓浓茉莉茶香"为蓝色（CMYK：100、100、0、0），其他文字为白色，字体与大小适当设置，所有文字均为斜体，效果如图 2-38 所示。

图 2-38　输入的文字

PS 提示注意

　　输入文字时，要将具有相同属性的文字作为一层，这样比较容易编排，不要将所有的文字都输入在一层中。另外，输入文字时，最好先输入文字再设置字符属性。

（32）　在【图层】面板中选择"牙膏 LOGO"层为当前图层，单击菜单栏中的【图层】/【图层样式】/【拷贝图层样式】命令，复制图层样式。

（33）　在【图层】面板中同时选择刚才创建的 4 个文字图层，单击菜单栏中的【图层】/【图层样式】/【粘贴图层样式】命令，粘贴复制的图层样式。

（34）　在【图层】面板中删除"具有浓浓茉莉茶香"层下面的"斜面和浮雕"效果，如图 2-39 所示。

（35）　分别双击"护龈"和英文文字层下面的"描边"效果，在弹出的【图层样式】对话框中更改描边色为蓝色（CMYK：100、100、0、0）。用同样的方法，修改英文文字层的描边大小为 2 像素，"具有浓浓茉莉茶香"图层的描边大小为 1 像素，修改图层样式后的文字效果如图 2-40 所示。

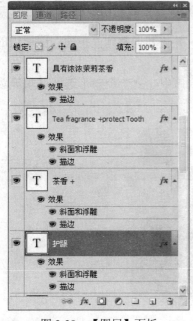

图 2-39　【图层】面板

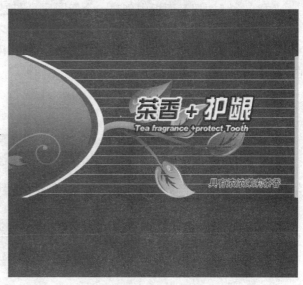

图 2-40　文字效果

教你一招

　　图层样式是 Photoshop 的一项重要功能，它可以快速地制作出浮雕、描边、投影、发光等效果。如果前面已经编辑过图层样式，当对其他图层应用类似的图层样式时，可以使用复制/粘贴的方法，然后再适当修改，这样可以提高工作效率。

（36）　在【图层】面板中同时选择构成"正面"的所有图层，单击菜单栏中的【图层】/【新建】/【从图层建立组】命令，在弹出的【从图层新建组】对话框中设置选项如图 2-41 所示。

（37）　单击　确定　按钮，则将选择的图层置于一个图层组中，如图 2-42 所示，这样便于图层的管理。

图 2-41　【从图层新建组】对话框

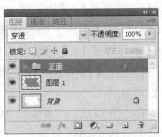

图 2-42　【图层】面板

3.　侧面与其他面的制作

（1）　按下 Ctrl+；组合键，显示参考线。

（2）　在【图层】面板中创建一个新图层"图层 4"，并将其调整到"正面"图层组的上方。

（3）　选择工具箱中的 ▣ 工具，依据参考线在图像窗口中建立一个矩形选区并填充为白色，效果如图 2-43 所示。

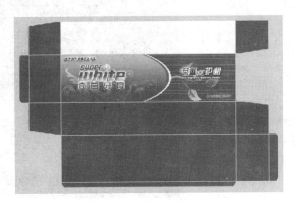

图 2-43　图像效果

（4）　根据设计要求，分别输入相关的说明文字，并调整适当的字体、大小、颜色，使它们排列美观，效果如图 2-44 所示。

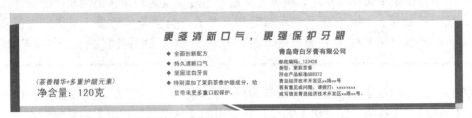

图 2-44　输入的文字

（5）　分别选择工具箱中的 ＼ 工具与 ▢ 工具，在图像窗口中拖动鼠标，绘制一条绿色（CMYK：98、24、100、24）的线条和一个圆角矩形，如图 2-45 所示。

（6）　在【图层】面板中选择圆角矩形所在的"形状 2"层，单击菜单栏中的【图层】/【图层样式】/【描边】命令，在弹出的【图层样式】对话框中设置描边色为绿色

（CMYK：98、24、100、24），设置其他参数如图 2-46 所示。

图 2-45　绘制的图形

（7）　单击 确定 按钮，在【图层】面板中设置"形状 2"层的【填充】值为 0%，则图像效果如图 2-47 所示。

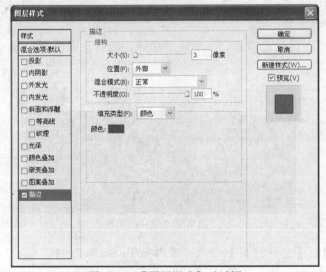

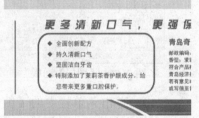

图 2-46　【图层样式】对话框　　　　　　　　　图 2-47　图像效果

（8）　将本书光盘"第 02 章"文件夹中的"牙膏 LOGO.ai"和"牙龈.ai"文件置入图像窗口中，调整其大小和位置；然后再打开"条形码.bmp"文件，将其拖动到图像窗口中，并调整至合适的大小，结果如图 2-48 所示。

图 2-48　图像效果

（9）　在【图层】面板中同时选择构成"侧面"的所有图层，单击菜单栏中的【图层】/【新建】/【从图层建立组】命令，建立一个名称为"侧面"的图层组，如图 2-49 所示。

技尤看板

　　图层组是管理图层的重要工具。经常从事设计的人员会深有体会，当图像文件的图层比较多时，管理起来很不方便。而图层组可以将图层分门别类地放在一起，例如，前面将构成正面图案的所有图层放在"正面"组中，而构成侧面图案的所有图层放在"侧面"组中。

　　建立图层组时，可以先选择图层，再执行【图层】/【新建】/【从图层建立组】命令，这样，选择的图层会自动置于新建的图层组中。另外，也可以单击面板下方的 □ 按钮建立图层组。

（10）　选择工具箱中的 □ 工具，在图像窗口建立一个矩形选区，选择正面图案，如图 2-50 所示。

图 2-49　【图层】面板

图 2-50　建立的选区

（11）　单击菜单栏中的【编辑】/【合并拷贝】命令（或者按下 Shift+Ctrl+C 组合键），合并复制选区内的图像。

（12）　按下 Ctrl+V 组合键粘贴复制的图像，则【图层】面板中自动生成一个新图层"图层 6"，在图像窗口中向下移动图像的位置，如图 2-51 所示。

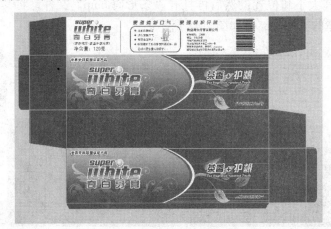

图 2-51　复制的图像

（13） 用同样的方法，合并复制"侧面"图案并进行粘贴，则产生新图层"图层7"，在图像窗口中调整图像位置如图2-52所示。

图2-52 复制的图像

（14） 使用▢工具建立一个矩形选区，大小与位置如图2-53所示。

（15） 在【图层】面板中选择"图层1"为当前图层，按下Ctrl+J组合键，将选区内的图像拷贝到一个新图层"图层8"中。

（16） 在【图层】面板中锁定"图层8"的透明像素，使用▢工具为"图层8"中的图像填充前面编辑的黄（CMYK：30、0、100、0）绿（CMYK：100、24、100、24）渐变色，结果如图2-54所示。

图2-53 建立的选区

图2-54 图像效果

（17） 在【图层】面板中复制"图层8"三次，分别单击菜单栏中的【编辑】/【变换】/【垂直翻转】或【水平翻转】命令，对复制的图像进行变换，并依次调整其位置如图2-55所示。

（18） 在【图层】面板中复制"正面"组中的"牙膏LOGO"层，得到"牙膏LOGO 副本"层，然后删除其下方的"斜面和浮雕"效果，并将该层移动到面板的最上方。

（19） 按下Ctrl+T组合键，将其顺时针旋转90°，调整至适当大小，置于牙膏盒的顶盖处，最后在其左侧输入广告语"(茶香精华+多重护龈元素)"，效果如图2-56所示。

（20） 将刚才制作的内容复制一份，旋转后放置在另一侧的顶盖处，则完成了牙膏包装盒展开图的制作，最终效果如图2-57所示。

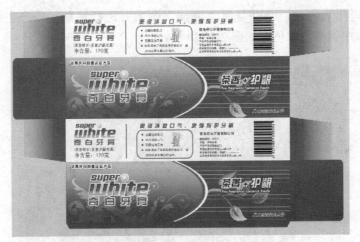

图 2-55 图像效果

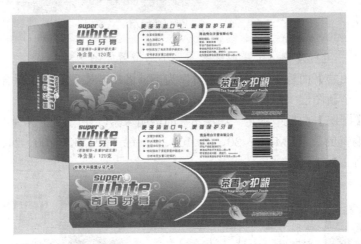

图 2-56 图像效果

图 2-57 最终效果

2.1.4　制作内包装的展开图

　　牙膏的内包装是软管形式，所以其展开图与外包装的展开图相比，制作非常简单，几步就可以完成，但是风格要与外包装保持一致。

　　（1）　单击菜单栏中的【文件】/【新建】命令，在弹出的【新建】对话框中设置选项如图 2-58 所示。

　　（2）　单击 确定 按钮，创建一个新文件。

　　（3）　按下 Ctrl+R 组合键显示标尺，在 5 cm 处创建一条水平参考线，在 13.5 cm 处创建一条垂直参考线，如图 2-59 所示。

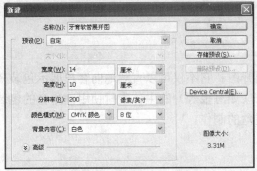

图 2-58　【新建】对话框　　　　　　　图 2-59　创建的参考线

　　教你一招

　　　　如果要在精确的位置上创建参考线，建议执行【视图】/【新建参考线】命令，可以在【新建参考线】对话框中设置参考线的精确位置。

　　（4）　打开"牙膏包装展开图.psd"文件，选择工具箱中的 ▱ 工具，在图像窗口中建立一个矩形选区，选择正面图案。

　　（5）　按下 Shift+Ctrl+C 组合键，合并复制选区内的图像。

　　（6）　激活"牙膏软管展开图"图像窗口，按下 Ctrl+V 组合键粘贴复制的图像，调整其大小和位置如图 2-60 所示。

　　（7）　用同样的方法，在"牙膏包装展开图"图像窗口中选择侧面图案，合并复制后粘贴到"牙膏软管展开图"图像窗口中，适当调整其大小和位置。最终效果如图 2-61 所示。

　　技术看板

　　　　在 Photoshop 中，【拷贝】命令与【合并拷贝】命令是有区别的。拷贝是复制当前图层上选区中的图像内容，快捷键是 Ctrl+C 组合键；合并拷贝是复制选区内的全部图像内容，不管这些图像位于哪一个图层上，快捷键是 Shift+Ctrl+C 组合键。

　　　　当图像由多个图层构成时，【合并拷贝】命令是非常实用的。

图 2-60　复制的图像

图 2-61　图像效果

2.1.5　效果图的制作

包装效果图的重要性一点也不亚于平面展开图。它不仅可以直观地向客户展示包装效果，促成定稿；还可以作为客户制作其他广告（如海报等）的主体素材使用。牙膏的包装效果图分两部分，一是软管的制作，二是包装盒的制作。

1.　制作软管的立体图

（1）　单击菜单栏中的【文件】/【新建】命令，在弹出的【新建】对话框中设置选项如图 2-62 所示。

（2）　单击　确定　按钮，创建一个新文件。

（3）　选择工具箱中的　工具，在工具选项栏中选择"径向渐变"类型，然后单击渐变预览条，在弹出的【渐变编辑器】窗口中设置渐变条下方的两个色标分别为白色和黑色，如图 2-63 所示。

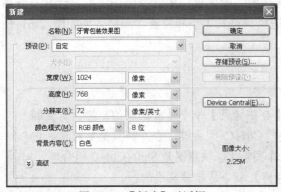

图 2-62　【新建】对话框

图 2-63　【渐变编辑器】窗口

（4）　单击 ▭确定▭ 按钮确认操作，然后在图像窗口拖动鼠标，填充渐变色，则图像效果如图 2-64 所示。

（5）　打开"牙膏软管展开图.psd"文件，选择工具箱中的 ▭ 工具，在图像窗口中创建一个矩形路径，其大小与正面吻合，如图 2-65 所示。

图 2-64　图像效果

图 2-65　创建的路径

（6）　选择工具箱中的 ▸ 工具，将矩形路径拖动到"牙膏包装效果图"图像窗口中，适当调整位置，如图 2-66 所示。

提示注意

　　之所以在"牙膏软管展开图"图像窗口中创建路径，然后再拖动到"牙膏包装效果图"图像窗口中，是为了确保其比例与封面图形比例一致。

（7）　选择工具箱中的 ▸ 工具，选择路径左上角的锚点，连续按下方向键 ↓ 10 次，将其向下移动；再选择路径左下角的锚点，按下键盘中的 ↑ 键 10 次，将其向上移动，效果如图 2-67 所示。

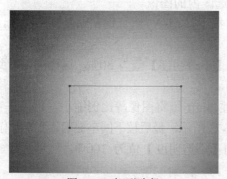

图 2-66　矩形路径

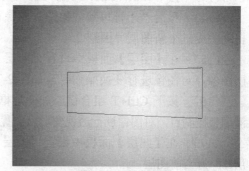

图 2-67　路径效果

（8）　参照刚才的操作方法，再创建一个梯形路径，其大小和位置如图 2-68 所示。

（9）　继续使用 ▭ 工具创建一个矩形路径，作为软管的盖子，其大小和位置如图 2-69 所示。

（10）　按下 Ctrl+Enter 组合键，将路径转换为选区。

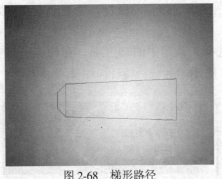

图 2-68　梯形路径

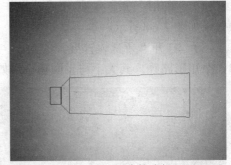

图 2-69　创建的路径

（11）　在【图层】面板中创建一个新图层"图层 1"，设置前景色为灰色（CMYK：0、0、0、20），按下 Alt+Delete 组合键填充前景色，再按下 Ctrl+D 组合键取消选区，则图像效果如图 2-70 所示。

（12）　激活"牙膏软管展开图"图像窗口，使用 工具建立一个矩形选区，选择正面图案，如图 2-71 所示。

图 2-70　图像效果

图 2-71　建立的选区

（13）　按下 Shift+Ctrl+C 组合键，合并复制选区内的图像。

（14）　激活"牙膏包装效果图"图像窗口，按下 Ctrl+V 组合键粘贴复制的图像，则自动生成一个新图层"图层 2"。

（15）　在【图层】面板中设置"图层 2"的【不透明度】值为 30%，这样可以看到底层图像，对图像进行变换操作时，如图 2-72 所示。

（16）　按下 Ctrl+T 组合键添加变形框，按住 Shift 键将图像等比例缩小，再按住 Ctrl 键调整控制点，对图像进行透视变形，位置如图 2-73 所示，最后按下回车键确认变换操作。

（17）　在【图层】面板中设置"图层 2"的【不透明度】值为 100%，然后选择"图层 1"为当前图层。

教你一招

　　设置图层的不透明度时，可以使用数字键快速完成。在键盘上按 1~9 数字键，可以将当前图层的不透明度调整为 10%~90%；连续按两个数字，则可以更精确地设置，如按下数字键 5，再快速按下数字键 6，则不透明度为 56%。

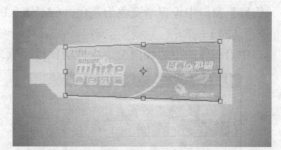

图 2-72　图像效果　　　　　　　　　图 2-73　变换图像

（18）　使用▢工具在图像窗口建立一个矩形选区，大小与位置如图 2-74 所示。

（19）　单击菜单栏中的【图像】/【调整】/【色相/饱和度】命令，在弹出的【色相/饱和度】对话框中设置选项如图 2-75 所示。

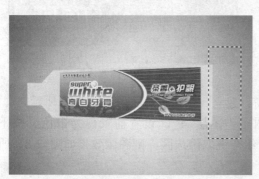

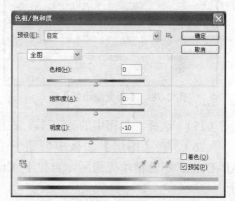

图 2-74　建立的选区　　　　　　　图 2-75　【色相/饱和度】对话框

（20）　单击 ▭确定▭ 按钮，略微降低所选图像的明度，按下 Ctrl+D 组合键取消选区，则图像效果如图 2-76 所示。

（21）　选择工具箱中的 ⬭ 工具，在图像窗口建立一个椭圆形选区，如图 2-77 所示。

图 2-76　图像效果　　　　　　　　图 2-77　建立的选区

（22）　按下 Ctrl+J 组合键，将选区内的图像复制到一个新图层"图层 3"中，在【图层】面板中锁定该层的透明像素。

（23）　选择工具箱中的■工具，单击工具选项栏中的渐变预览条，在弹出【渐变编辑器】窗口中设置渐变色为灰色（CMYK：0、0、0、50）与白色相间，如图 2-78 所示。

（24）　单击 [确定] 按钮，在工具选项栏中选择"线性渐变"类型，然后在图像窗口中沿图像的下边缘向上边缘拖动鼠标，填充渐变色，则图像效果如图 2-79 所示。

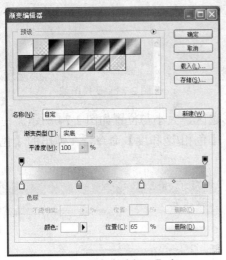

图 2-78　【渐变编辑器】窗口

图 2-79　图像效果

（25）　选择工具箱中的▯工具，在图像窗口建立一个矩形选区，如图 2-80 所示。

（26）　在【图层】面板中创建一个新图层"图层 4"，设置前景色为白色，按下 Alt+Delete 组合键填充选区，再按下 Ctrl+D 组合键取消选区，则图像效果如图 2-81 所示。

图 2-80　建立的矩形选区

图 2-81　图像效果

（27）　按下 Alt+Ctrl+G 组合键，创建剪贴蒙版，如图 2-82 所示。

（28）　单击菜单栏中的【图层】/【图层样式】/【斜面和浮雕】命令，在弹出的【图层样式】对话框中设置各项参数如图 2-83 所示。

（29）　单击 [确定] 按钮，则线条产生立体浮雕效果，如图 2-84 所示。

（30）　选择工具箱中的▸⊹工具，按住 Alt+Shift 组合键向下拖动线条图像，将其移动复制 6 次，如图 2-85 所示。

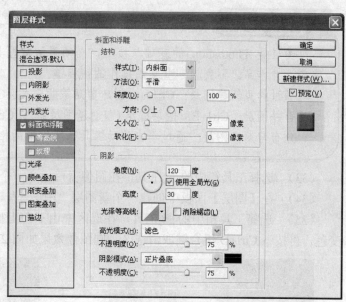

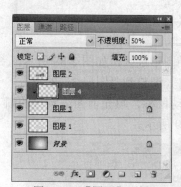

图 2-82　【图层】面板

图 2-83　【图层样式】对话框

图 2-84　图像效果

图 2-85　移动复制图像

（31）在【图层】面板中同时选择"图层 4"及其所有的副本图层，在工具选项栏中单击 <!-- icon --> 按钮，将所选图像平均分布，效果如图 2-86 所示。

（32）按下 Ctrl+E 组合键，合并所选图层为"图层 4"，设置该层的【不透明度】值为 50%，则图像效果如图 2-87 所示。

图 2-86　分布后的效果

图 2-87　图像效果

技术看板

图层是 Photoshop 的基础与核心，必须灵活掌握其操作，才可以得心应手地完成设计作品。下列为一些常用操作的快捷键。

通过拷贝新建图层：Ctrl+J；创建剪贴蒙版：Alt+Ctrl+G；

合并图层：Ctrl+E；图层编组（即创建图层组）：Ctrl+G；

分布与对齐图层：通过单击移动工具选项栏中的相关按钮完成。

（33）选择工具箱中的 ⬭ 工具，在图像窗口建立一个椭圆形选区，如图 2-88 所示。

（34）在【图层】面板中创建一个新图层"图层 5"，将其调整到"图层 3"的下方。

（35）选择工具箱中的 ▦ 工具，在选区中由下向上拖动鼠标，填充前面编辑过的渐变色，再按下 Ctrl+D 组合键取消选区，则图像效果如图 2-89 所示。

图 2-88　建立的椭圆形选区

图 2-89　图像效果

（36）在【图层】面板中选择"图层 1"为当前图层，使用 ⬭ 工具建立一个椭圆形选区，如图 2-90 所示。

（37）按下 Ctrl+J 组合键，将选区内的图像拷贝到一个新图层"图层 6"中，在【图层】面板中锁定该层的透明像素。

（38）选择工具箱中的 ▦ 工具，在图像窗口由下向上拖动鼠标，填充前面编辑的渐变色，效果如图 2-91 所示。

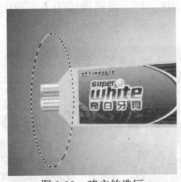
图 2-90　建立的选区

图 2-91　图像效果

（39）在【图层】面板中选择"图层 2"为当前图层，单击菜单栏中的【滤镜】/【液化】命令，在弹出的【液化】对话框中选择合适大小的笔刷，在预览窗口中拖动鼠标，使图像的左边缘产生弧度，如图 2-92 所示。

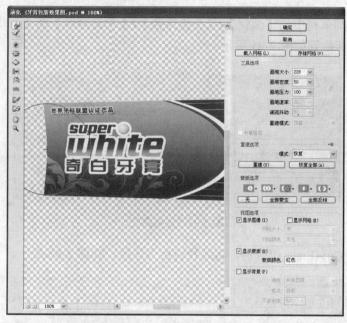

图 2-92 【液化】对话框

（40） 单击 确定 按钮，则图像效果如图 2-93 所示。

图 2-93 图像效果

（41） 在【图层】面板中选择除"背景"层之外的所有图层，按下 Ctrl+E 组合键合并图层为"图层 1"。

（42） 选择工具箱中的 工具，在图像窗口创建一个封闭的路径，如图 2-94 所示。

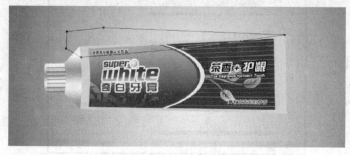

图 2-94 创建封闭的路径

（43） 选择工具箱中的 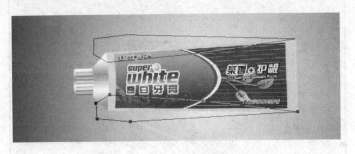 工具，按住 Alt 键向下拖动路径，复制出一个相同的路径。

（44） 单击菜单栏中的【编辑】/【变换路径】/【垂直翻转】命令，将复制的路径垂直翻转，并调整其位置如图 2-95 所示。

图 2-95　变换路径

（45） 按下 Ctrl+Enter 组合键，将路径转换为选区，如图 2-96 所示。

图 2-96　将路径转换为选区

（46） 按下 Shift+F6 组合键，对选区进行羽化处理，设置【羽化半径】为 10 像素。

（47） 单击菜单栏中的【图像】/【调整】/【色相/饱和度】命令，在弹出的【色相/饱和度】对话框中设置选项如图 2-97 所示。然后单击 确定 按钮，降低软管两侧的明度。

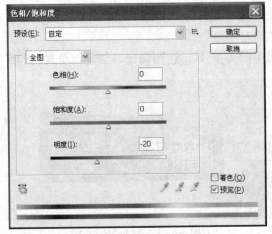

图 2-97　【色相/饱和度】对话框

（48）　选择工具箱中的 工具，在图像窗口创建一个封闭的路径，如图 2-98 所示。

图 2-98　创建封闭的路径

提示注意

　　物体的立体感往往是通过明暗变化表现出来的。通过【色相/饱和度】命令处理牙膏软管时，要注意以下几点：（1）将路径转换为选区后，必须合理羽化，避免效果生硬；（2）在【色相/饱和度】对话框中只需要调整【明度】值，其他参数不动即可。

（49）　按下 Ctrl+Enter 组合键，将路径转换为选区，然后按下 Shift+F6 组合键，在弹出的【羽化选区】对话框中设置【羽化半径】为 10 像素，羽化选区。

（50）　单击菜单栏中的【图像】/【调整】/【色相/饱和度】命令，在弹出的【色相/饱和度】对话框中设置选项如图 2-99 所示。

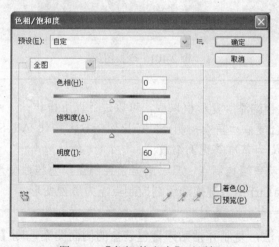

图 2-99　【色相/饱和度】对话框

（51）　单击 确定 按钮，提高选区内图像的明度，增强光影关系，强化立体效果。然后按下 Ctrl+D 组合键取消选区，则牙膏软管的效果如图 2-100 所示。

2.　制作包装盒立体图

（1）　打开前面制作的"牙膏包装展开图.psd"文件，使用 工具选择正面图案，按下 Shift+Ctrl+C 组合键，合并复制选择的图像。

图 2-100　牙膏软管效果图

　　（2）　激活"牙膏包装效果图"图像窗口中，按下 Ctrl+V 组合键，粘贴复制的图像，则【图层】面板中自动生成"图层 2"，将该图层调整到"图层 1"的下方。

　　（3）　按下 Ctrl+T 组合键添加变形框，按住 Ctrl 键的同时调整控制点的位置，变换后的图像如图 2-101 所示，使其具有透视效果。然后按下回车键确认变换操作。

图 2-101　变换图像

　　按下 Ctrl+T 组合键添加变形框以后，可以进行以下操作：

　　按住 Shift 组合键拖动角端控制点，等比例缩放；按住 Alt+Shift 组合键拖动角端控制点，以中心为基准等比例缩放；

　　按住 Ctrl 键拖动角端控制点，只影响当前控制点，为扭曲变形；

　　按住 Alt+Shift+Ctrl 组合键拖动角端控制点，为透视变形。

　　（4）　用同样的方法，复制并粘贴牙膏包装盒的侧面图案，则【图层】面板中自动生成"图层 3"，将其调整到"图层 2"的下方。

　　（5）　按下 Ctrl+T 组合键添加变形框，按住 Ctrl 键的同时调整控制点的位置，使其与正面自然接合，并具有合理的透视效果，如图 2-102 所示。

　　（6）　继续将包装盒的顶面复制并粘贴到"牙膏包装效果图"图像窗口中，则【图层】面板中自动生成"图层 4"，将其调整到"图层 3"的下方。

　　（7）　按下 Ctrl+T 组合键添加变形框，按住 Ctrl 键的同时对其进行扭曲变换操作，构成包装盒立体效果图，结果如图 2-103 所示。

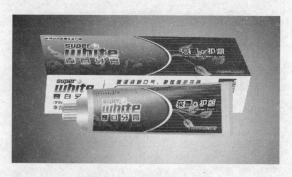

图 2-102　图像效果

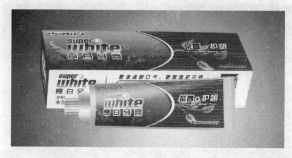

图 2-103　图像效果

（8）　在【图层】面板中选择"图层 1"为当前图层，隐藏"背景"图层，使用 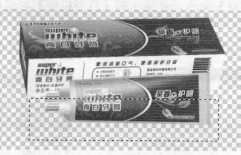 工具建立一个矩形选区，大小与位置如图 2-104 所示。

图 2-104　建立的矩形选区

（9）　按下 Ctrl+C 组合键，复制选区内的图像，再按下 Ctrl+V 组合键粘贴复制的图像，则【图层】面板中自动生成"图层 5"，将其调整到"图层 1"的下方。

（10）　单击菜单栏中的【编辑】/【自由变换】/【垂直翻转】命令，将复制的图像垂直翻转，并调整其位置如图 2-105 所示。

（11）　在【图层】面板中单击 按钮，为"图层 5"添加图层蒙版，然后显示"背景"图层。

（12）　选择工具箱中的 工具，在工具选项栏中选择"黑，白渐变"，然后在图像窗口中由下向上拖动鼠标，填充渐变色，使牙膏软管产生倒影效果，如图 2-106 所示。

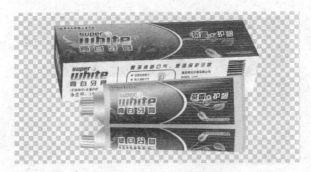

图 2-105　翻转复制的图像

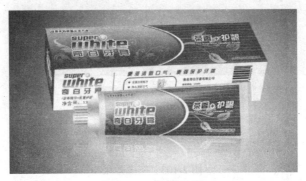

图 2-106　图像效果

（13）　在【图层】面板中单击"图层 5"的图层缩览图，然后单击菜单栏中的【滤镜】/【模糊】/【高斯模糊】命令，在弹出的【高斯模糊】对话框中设置选项如图 2-107 所示。

（14）　单击 ▭确定▭ 按钮，则倒影产生了模糊效果，如图 2-108 所示。

图 2-107　【高斯模糊】对话框

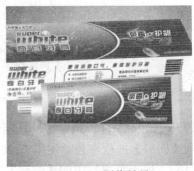

图 2-108　图像效果

（15）　在【图层】面板中暂时隐藏"图层 1"，然后复制"图层 3"，得到"图层 3 副本"，将其调整到"图层 3"的下方。

（16）　单击菜单栏中的【编辑】/【变换】/【垂直翻转】命令，垂直翻转复制的图像，然后按下 Ctrl+T 组合键添加变形框，按住 Ctrl 键的同时调整各个控制点，其形态如图 2-109 所示。

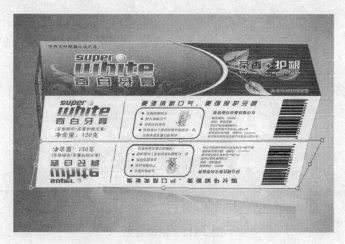

图 2-109　变换图像

（17）　按下回车键确认变换操作，然后在【图层】面板中单击 ⬜ 按钮，为"图层 3 副本"添加图层蒙版。

（18）　选择工具箱中的 ⬛ 工具，在工具选项栏中选择"黑，白渐变"，然后在图像窗口中由下向上拖动鼠标，使倒影产生衰减效果，如图 2-110 所示。

图 2-110　倒影效果

（19）　用同样的方法，复制"图层 4"，得到"图层 4 副本"，将其制作成顶盖的倒影，然后显示"图层 1"，整体效果如图 2-111 所示。

（20）　在【图层】面板中创建一个新图层"图层 6"，将该层调整到"背景"层的下方。

（21）　选择工具箱中的 🖋 工具，在图像窗口建立一个多边形选区。

（22）　按下 Shift+F6 组合键，在弹出的【羽化选区】对话框中设置【羽化半径】为 20 像素，然后将选区填充为黑色，效果如图 2-112 所示。

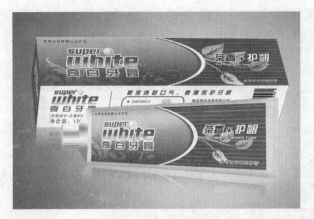

图 2-111　图像效果

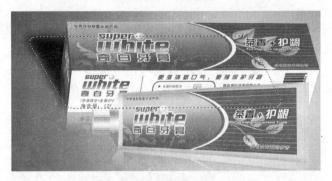

图 2-112　图像效果

（23）　按下 Ctrl+D 组合键取消选区，在【图层】面板中设置"图层 6"的【不透明度】值为 30%，则图像效果如图 2-113 所示。

图 2-113　图像效果

（24）　用同样的方法，再制作出牙膏软管的投影，图像效果如图 2-114 所示。

（25）　整体效果完成以后，还需要反复审视细节，并适当进行修饰，将背景换成其他的颜色，最终效果如图 2-115 所示。

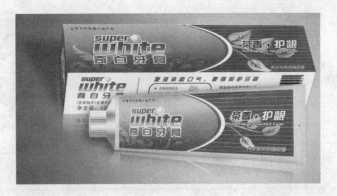

图 2-114　图像效果

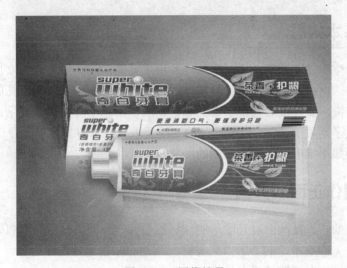

图 2-115　图像效果

2.2　洗发水包装设计

　　洗发水包装一般为柔性塑料材质，造型比较丰富，包装图案多为清晰简练的线条图案，不会有太复杂的图案或图像，说明性文字较多。其包装设计多强调实用性、指导性与整体的识别性。本例将设计并制作一款洗发水包装，同时学习相关 Photoshop 技术。

2.2.1　效果展示

　　本例效果如图 2-116 所示。

图 2-116　洗发水包装的正、反面展开图与效果图

2.2.2　基本构思

根据市场定位和前期调研，雨辰系列洗发水主要面向 30 岁左右的女性，外观突出整洁、时尚、干净。材料采用柔性塑料材质，这种包装在印刷中一般采用孔版印刷，又名丝印，印刷速度较慢，而且很难表现丰富的颜色，所以用色不宜太多太复杂。鉴于此，本包装在设计上放大了雨辰的 logo 以及产品的一些重要信息，并以一条蓝色的弧线作装饰，简洁流畅，在不知不觉中给人留下深刻的印象。

2.2.3　制作正面展开图

洗发水包装的正、反两面展开图与制作标签类似，不同的是洗发水包装在制瓶时已经在塑料中造色，无需重新印制。所以只需将欲印制的颜色部分设计出来，制作成 PSD 分层文件，交由印刷厂专门的技术人员即可。

（1）单击菜单栏中的【文件】/【新建】命令，在弹出的【新建】对话框中设置选项如图 2-117 所示。

（2）单击 ▢ 确定 ▢ 按钮，创建一个新文件。

（3）按下 Ctrl+R 组合键显示标尺，在 1.5 cm 和 7.5 cm 处创建两条垂直参考线，然后单击菜单栏中的【文件】/【置入】命令，将本书光盘"第 02 章"文件夹中的"洗发水 logo.ai"文件置入图像窗口中，调整其大小和位置如图 2-118 所示。

提示注意

参考线是工作时的辅助线，用于确定有效区间，创建精确的参考线可以使用【视图】/【新建参考线】命令。在本例中，参考线之间是印刷区域，也就是说所有的画面文字、花纹等元素都必须在两线之间。

另外，本例中的 Logo 图形非常简单，可以直接在 Photoshop 进行绘制，但是为了方便读者的学习，光盘中仍然提供了 AI 文件。

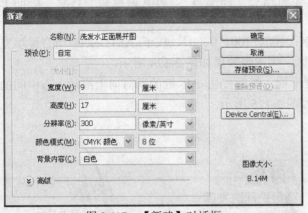

图 2-117　【新建】对话框

图 2-118　置入的图形

（4）　选择工具箱中的 T 工具，在图像窗口中输入相关文字，并适当调整字体、大小等，结果如图 2-119 所示。

（5）　选择工具箱中的 ○ 工具，在图像窗口中创建一个圆形路径，创建路径的大小与位置如图 2-120 所示。

（6）　选择工具箱中的 ▶ 工具，按住 Alt 键的同时向右上方拖动路径，将其移动复制一个，如图 2-121 所示。

图 2-119　输入的文字

图 2-120　创建的路径

图 2-121　移动复制路径

（7）　使用 ▶ 工具选择复制的路径，然后在工具选项栏中设置选项如图 2-122 所示。

图 2-122　路径选择工具选项栏

（8）　同时选择两个路径，单击工具选项栏中的 ▢ 组合 按钮，则组合后的路径效果如图 2-123 所示。

（9）　按下 Ctrl+Enter 组合键，将路径转换为选区。

（10） 在【图层】面板中创建一个新图层"图层 1"，将其调整到"背景"层的上方。

（11） 设置前景色为蓝色（CMYK：100、100、0、0），按下 Alt+Delete 组合键填充前景色，再按下 Ctrl+D 组合键取消选区，则图像效果如图 2-124 所示。

（12） 按下 Ctrl+T 组合键添加变形框，然后按住 Alt 键的同时向上拖动上方中间的控制点，将弧形拉长，并调整其位置如图 2-125 所示。

图 2-123　路径效果　　　　图 2-124　图像效果　　　　图 2-125　变换图像

（13） 按下回车键确认变换操作，然后在【图层】面板中选择"logo"层为当前图层。

（14） 单击菜单栏中的【图层】/【图层样式】/【描边】命令，在弹出的【图层样式】对话框中设置描边色为白色，设置其他参数如图 2-126 所示。

（15） 单击 确定 按钮，则 logo 图形产生白色的描边效果，如图 2-127 所示。

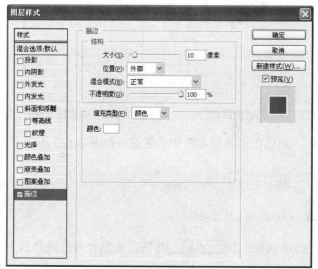

图 2-126　【图层样式】对话框

图 2-127　描边效果

（16）　在【图层】面板中的"logo"层上单击鼠标右键，在弹出的快捷菜单中选择【拷贝图层样式】命令。

（17）　在【图层】面板中选择"天然植物精华系列"层和"Natural plant essence"层，单击鼠标右键，在弹出的快捷菜单中选择【粘贴图层样式】命令，如图 2-128 所示，则最终效果如图 2-129 所示。

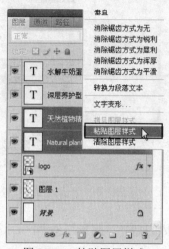

图 2-128　粘贴图层样式

图 2-129　最终效果

（18）　按下 Ctrl+S 组合键，保存文件。

2.2.4　制作反面展开图

由于反面展开图与正面展开图具有相同的尺寸，并且部分文字内容相同，所以，可以直接在正面展开图的基础上进行制作，这样会提高工作效率，减少重复劳动。

（1）　按下 Shift+Ctrl+S 组合键，将前面制作的"洗发水正面展开图.psd"文件另存为"洗发水反面展开图.psd"。

（2）　在【图层】面板中将除"logo"和"背景"图层以外的所有图层删除，然后在图像窗口中调整"logo"的位置，如图 2-130 所示。

（3）　选择工具箱中的 T 工具，分别在工具选项栏中设置适当的字体、大小，输入说明文字。注意文字的大小对比与编排，效果如图 2-131 所示。

PS 提示注意

输入文字时，建议将具有相同字符属性的文字放在一层上，这样便于统一设置属性。另外，对于大段文字，输入时应该采用段落文本。

（4）　打开本书光盘"第 02 章"文件夹中的"条形码.bmp"文件，使用 工具将打开的条码图像拖动到"洗发水反面展开图"图像窗口中，按下 Ctrl+T 组合键添加变形框，将条形码逆时针旋转 90º 并适当放大，最终效果如图 2-132 所示。

图 2-130　调整"logo"的位置　　　图 2-131　输入的文字　　　图 2-132　图像效果

2.2.5　效果图的制作

在表现柱形的包装物时，可以运用渐变色表现物体的高光、阴影与半调区，这是很常用的一种三维表现技法，本例中将有所体现。

1.　处理背景

（1）　单击菜单栏中的【文件】/【新建】命令，在弹出的【新建】对话框中设置选项如图 2-133 所示。

（2）　单击 确定 按钮，创建一个新文件。

（3）　选择工具箱中的 工具，在工具选项栏中选择"黑，白渐变"，在图像窗口由上向下拖动鼠标，填充线性渐变色，则图像效果如图 2-134 所示。

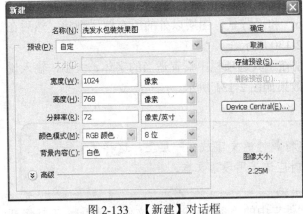 

图 2-133　【新建】对话框　　　　　　　　图 2-134　图像效果

（4）　选择工具箱中的 工具，按住 Alt 键在图像窗口中拖动鼠标，移动复制背景，则图像效果如图 2-135 所示。

（5）　单击菜单栏中的【图层】/【拼合图像】命令，合并所有图层，作为背景。

2. 绘制包装瓶

（1） 选择工具箱中的 工具，在图像窗口建立一个矩形选区，如图 2-136 所示。

图 2-135 图像效果　　　　　　　　　　　　　　　图 2-136 建立的选区

（2） 在【图层】面板中创建一个新图层"图层 1"。

（3） 选择工具箱中的 工具，在工具选项栏中选择"线性渐变"类型，然后单击渐变预览条，在弹出的【渐变编辑器】窗口中设置渐变条下方色标的 CMYK 值分别为（0、0、0、10）、（0、0、0、30）、（0、0、0、0）、（0、0、0、0）、（0、0、0、50）和（0、0、0、10），如图 2-137 所示。

（4） 单击 确定 按钮确认操作，然后在选区内由左向右拖动鼠标，填充渐变色，再按下 Ctrl+D 组合键取消选区，则图像效果如图 2-138 所示。

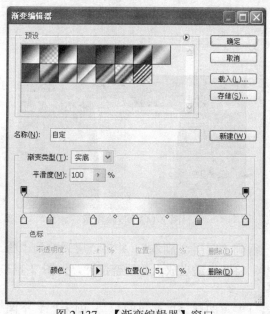

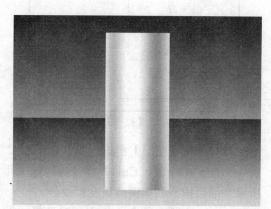

图 2-137 【渐变编辑器】窗口　　　　　　　　　图 2-138 图像效果

（5） 选择工具箱中的 工具，在图像窗口建立一个椭圆形选区，如图 2-139 所示。

（6） 按下 Ctrl+J 组合键，将选区内的图像复制到一个新图层"图层 2"中，然后在【图层】面板中隐藏该层。

（7）　在【图层】面板中选择"图层 1"为当前图层，按下 Ctrl+A 组合键全选图像，如图 2-140 所示。

图 2-139　建立的选区　　　　　　　　图 2-140　全选图像

（8）　在移动工具选项栏中单击 按钮和 按钮，将图像居中，按下 Ctrl+D 组合键取消选区，然后连续按下方向箭↓10 次。

（9）　单击菜单栏中的【滤镜】/【扭曲】/【挤压】命令，在弹出的【挤压】对话框中设置选项如图 2-141 所示。

（10）　单击 确定 按钮，则图像产生了挤压变形。

（11）　在【图层】面板中显示"图层 2"中的图像，并选择该层为当前图层。

（12）　按下 Ctrl+T 组合键添加变形框，将图像适当放大，并调整其位置如图 2-142 所示，按下回车键确认变换操作。

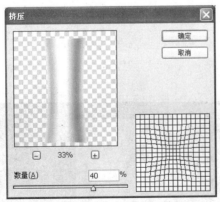

图 2-141　【挤压】对话框　　　　　　图 2-142　变换图像

（13）　在【图层】面板中复制"图层 2"，得到"图层 2 副本"，并将该层调整到"图层 1"的下方。按下 Ctrl+T 组合键添加变形框，将图像适当放大并调整位置，如图 2-143 所示，最后按下回车键确认变换操作。

（14）　在【图层】面板中同时选择"图层 1"、"图层 2"及"图层 2 副本"3 个图层，按下 Ctrl+E 组合键，合并图层为"图层 1"，则图像效果如图 2-144 所示。

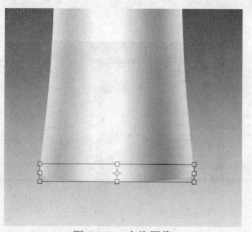

图 2-143 变换图像　　　　　　　　　　图 2-144 图像效果

PS 技术看板

Photoshop 提供了 3 种合并图层的命令：

合并图层：用于合并选择的多个图层，合并后图层的名称继承最上层图层的名称，但可以重新命名。

合并可见图层：将所有可见的图层合并为一层，不可见的图层不合并。

拼合图像：将所有的图层合并为一层，如果含有不可见图层，则删除它们。

（15）　选择工具箱中的 [ ] 工具，在图像窗口建立一个矩形选区，如图 2-145 所示。

（16）　选择工具箱中的 ○ 工具，按住 Alt 键拖动鼠标，再创建一个椭圆形选区，使其与矩形选区的下边缘相减，结果如图 2-146 所示。

图 2-145 建立的选区　　　　　　　　　图 2-146 选区效果

（17）　按下 Ctrl+J 组合键，将选区内的图像复制到一个新图层"图层 2"中。

（18）　单击菜单栏中的【图像】/【调整】/【色相/饱和度】命令，在弹出的【色相/饱和度】对话框中设置选项如图 2-147 所示。

（19）　单击 [确定] 按钮，则图像效果如图 2-148 所示。

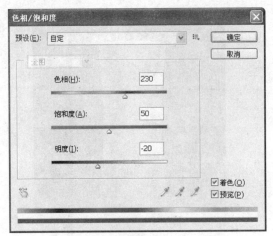

图 2-147　【色相/饱和度】对话框

图 2-148　图像效果

（20）　选择工具箱中的◯工具，按住 Shift 键在图像窗口中创建一个圆形路径，其大小和位置如图 2-149 所示。

（21）　选择工具箱中的▢工具，在图像窗口中再创建一个矩形路径，其大小与位置如图 2-150 所示。

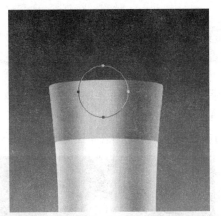

图 2-149　创建的路径

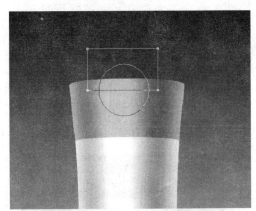

图 2-150　创建的路径

技术看板

在 Photoshop 中，路径其实是一种辅助工具，它用于帮助用户创建一些不规则的（或流线型）选区，路径不能打印输出，创建路径的最终目的是转换为选区，当然它还可以完成一些特殊的操作，如描边路径、填充路径等。

路径可以进行简单的组合运算，也可以任意调整其形状，它与选择工具相比可调节性强。当得到了一个形状满意的路径之后，按下 Ctrl+Enter 组合键，可以快速地将路径转换为选区。

（22）　选择工具箱中的▸工具，选择矩形路径，在工具选项栏中按下▫按钮，然后同时选择圆形路径和矩形路径，单击工具选项栏中的[　组合　]按钮，则组合后的路径如

图 2-151 所示。

（23）　选择工具箱中的 工具，在路径上单击鼠标添加锚点，然后使用 工具调整其弧度，如图 2-152 所示。

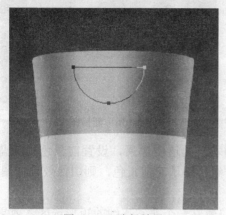

图 2-151　路径效果

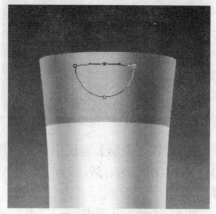

图 2-152　调整路径

（24）　按下 Ctrl+Enter 组合键，将路径转换为选区，如图 2-153 所示。

（25）　在【图层】面板中创建一个新图层"图层 3"。

（26）　选择工具箱中的 工具，在工具选项栏中选择"线性渐变"类型，然后单击渐变预览条，在弹出的【渐变编辑器】窗口中设置渐变条下方色标的 CMYK 值分别为（100、100、39、2）和（0、0、0、0），如图 2-154 所示。

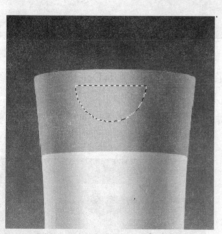

图 2-153　将路径转换为选区

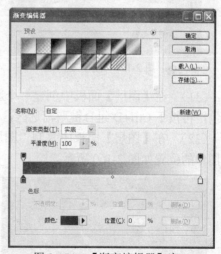

图 2-154　【渐变编辑器】窗口

（27）　单击 确定 按钮，然后在选区内由左向右拖动鼠标，填充渐变色，再按下 Ctrl+D 组合键取消选区，则图像效果如图 2-155 所示。

（28）　在【图层】面板中复制"图层 3"，得到"图层 3 副本"，按下 Ctrl+T 组合键添加变形框，向上推动变形框下边缘中间的控制点，如图 2-156 所示，按下回车键确认变换操作。

图 2-155　图像效果

图 2-156　变换图像

（29）在【图层】面板中锁定"图层 3 副本"的透明像素，设置前景色为深蓝色（CMYK：100、100、39、2），按下 Alt+Delete 组合键填充前景色，则图像效果如图 2-157 所示。

（30）选择工具箱中的 ▭ 工具，在图像窗口建立一个非常狭细的矩形选区，效果如图 2-158 所示。

图 2-157　图像效果

图 2-158　建立的选区

（31）在【图层】面板中创建一个新图层"图层 4"，按下 Alt+Delete 组合键填充前景色，再按下 Ctrl+D 组合键取消选区，则图像效果如图 2-159 所示。

（32）在【图层】面板中复制"图层 4"，得到"图层 4 副本"，使用 ▸ 工具调整复制图像的位置如图 2-160 所示。

图 2-159　图像效果

图 2-160　移动复制的图像

（33）打开前面制作的"洗发水正面展开图.psd"文件，如图 2-161 所示。

（34）在【图层】面板中选择除"背景"层以外的所有图层，将其拖动到"洗发水包装效果图"图像窗口中。

（35）　按下 Ctrl+E 组合键合并图层，再按下 Ctrl+T 组合键添加变形框，将其等比例缩小并调整好位置，结果如图 2-162 所示。

（36）　选择工具箱中的 ▣ 工具，在图像窗口建立一个矩形选区，如图 2-163 所示。

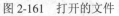

图 2-161　打开的文件

图 2-162　图像效果

图 2-163　建立的选区

（37）　按下 Shift+F6 组合键，在弹出的【羽化选区】对话框中设置【羽化半径】为 10 像素，对选区进行羽化处理。

（38）　在【图层】面板的最上方创建一个新图层"图层 5"，设置前景色为白色，按下 Alt+Delete 组合键填充前景色，按下 Ctrl+D 组合键取消选区，则图像效果如图 2-164 所示。

（39）　在【图层】面板中设置"图层 5"的【不透明度】值为 60%，则图像效果如图 2-165 所示。

图 2-164　图像效果

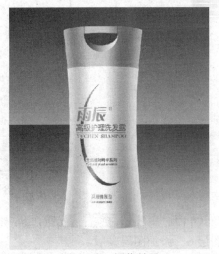

图 2-165　图像效果

（40）　在【图层】面板中暂时隐藏"背景"图层，选择工具箱中的 ▣ 工具，建立一个矩形选区，如图 2-166 所示。

（41） 按下 Shift+Ctrl+C 组合键，合并复制选区内的图像，然后按下 Ctrl+V 组合键粘贴复制的图像，则【图层】面板中自动生成"图层 6"，将其调整到"背景"层的上方。

（42） 单击菜单栏中的【编辑】/【变换】/【垂直翻转】命令，将复制的图像垂直翻转并调整好位置，然后在【图层】面板中显示"背景"图层，结果如图 2-167 所示。

图 2-166 建立的选区

图 2-167 图像效果

（43） 单击菜单栏中的【滤镜】/【模糊】/【高斯模糊】命令，在弹出的【高斯模糊】对话框中设置选项如图 2-168 所示。

图 2-168 【高斯模糊】对话框

（44） 单击 确定 按钮，模糊图像，接着在【图层】面板中单击 按钮，为"图层 6"添加图层蒙版。

（45） 选择工具箱中的 工具，在工具选项栏中选择"黑，白渐变"，在图像窗口中由下向上拖动鼠标，编辑图层蒙版，使倒影产生衰减效果，如图 2-169 所示。

图 2-169　图像效果

3.　制作其他包装瓶

（1）　在【图层】面板中选择除"背景"图层以外的所有图层，按下 Ctrl+G 组合键，将其编组为"组 1"，然后复制"组 1"，得到"组 1 副本"。

（2）　使用 工具向右移动复制的图像，然后按下 Ctrl+T 组合键添加变形框，将其等比例缩小并确认，效果如图 2-170 所示。

图 2-170　图像效果

（3）　在【图层】面板的"组 1 副本"中选择"图层 1 副本"为当前图层。

（4）　单击菜单栏中的【图像】/【调整】/【色相/饱和度】命令，在弹出的【色相/饱和度】对话框中设置选项如图 2-171 所示。

（5）　单击 确定 按钮，则图像效果如图 2-172 所示。

（6）　用同样的方法，再复制一个包装瓶，调整大小后摆放在左侧，然后调整为黄色，效果如图 2-173 所示。

（7）　最后从整体出发，统观整幅作品，对细节进行处理。如倒影的颜色、瓶底的阴影等都需要细化处理，最终效果如图 2-174 所示。

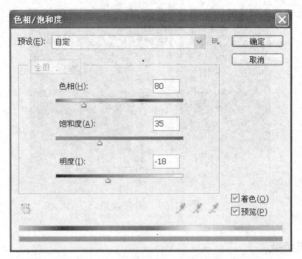

图 2-171　【色相/饱和度】对话框

图 2-172　图像效果

图 2-173　图像效果

图 2-174　最终效果

第3章

酒类包装设计与制作

酒类的包装主要分为两大类，一类是白酒包装，一类是红酒（或葡萄酒）包装。白酒包装多突出中国传统韵味；红酒包装则突出欧式风情。酒与包装是两个互相融合的产业，酒是产品，包装后成为商品，而包装不是纯艺术品，它具有一定的文化内涵，既是产品的载体，又是艺术的载体。

酒品包装应具有鲜明的时代感、市场感以及现代人的文化品位。本章将学习两款酒类包装设计。

3.1 红酒包装设计

多少年来，红酒的品味、包装和它所承载的文化成为西方历史中不可或缺的一笔。它象征着高档、尊贵、优雅，在社交场合中扮演着极为重要的角色。下面我们将介绍一组红酒的包装设计与制作，主要包括三大部分：酒容器、酒标以及外包装。通过本节的知识可以学习柱形包装的表现手法。

3.1.1 效果展示

本例效果如图 3-1 所示。

图 3-1 红酒包装的标签、平面展开图与效果图

3.1.2 基本构思

红酒的包装整体上要大气、尊贵、奢华，所以在色彩上多以深色作为底色，配金色、白色或银色图案与文字，形成鲜明的对比，用色少而不单调。本例选择比较高档的酒红色为底色，点缀黑色色块及银白色文字，突出包装的典雅华贵，简单中渗透着贵族气质。

3.1.3 制作红酒的标签

通常情况下，对于红酒而言，干红常使用深色的玻璃瓶，而干白常使用绿色的玻璃瓶。酒瓶表面的标签通常以黄色为主基调，配以红色或金色等文字，色彩对比较强。本例中的标签以淡黄色为主基调，配酒红色文字与图案，标签的尺寸是 10 cm×7 cm。

（1）　单击菜单栏中的【文件】/【新建】命令，在弹出的【新建】对话框中设置选项如图 3-2 所示。

图 3-2　【新建】对话框

提示注意

　　"出血"是印刷术语，是指将可印刷区域向裁切位以外延伸一定的尺寸，避免裁切后的成品露白边或裁到内容。设置出血的目的是让裁切的误差不给成品造成瑕疵，一般为 2~3 mm。本例中设置标签尺寸时已经包括了出血值。

（2）　单击　　确定　　按钮，创建一个新文件。

（3）　按下 Ctrl+R 组合键显示标尺，在 0.3 cm 和 7.3 cm 处创建两条垂直参考线，在 0.3 cm 和 10.3 cm 处创建两条水平参考线，作为印刷出血线，如图 3-3 所示。

（4）　设置前景色为淡黄色（CMYK：0、5、15、0），按下 Alt+Delete 组合键填充前景色，则图像效果如图 3-4 所示。

图 3-3　创建的参考线

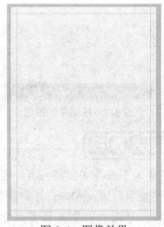

图 3-4　图像效果

（5）　选择工具箱中的 ▣ 工具，在图像窗口中建立一个矩形选区，如图 3-5 所示。

（6） 在【图层】面板中创建一个新图层"图层 1"，设置前景色为紫红色（CMYK：50、100、70、40），按下 Alt+Delete 组合键填充前景色，再按下 Ctrl+D 组合键取消选区，则图像效果如图 3-6 所示。

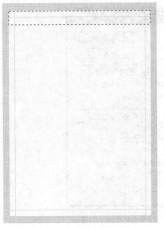

图 3-5　建立的选区

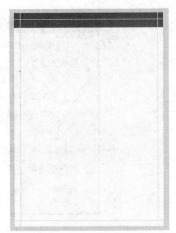

图 3-6　图像效果

（7） 选择工具箱中的 工具，按住 Alt 键向下拖动紫色矩形，将其移动复制一个，放置在图像下方，如图 3-7 所示。

（8） 单击菜单栏中的【文件】/【置入】命令，将本书光盘"第 03 章"文件夹中的"底纹.ai"文件置入图像窗口中，并调整其大小和位置如图 3-8 所示。

图 3-7　移动复制图像

图 3-8　置入的图形

技术看板

　　【置入】命令可以将照片、图片或任何 Photoshop 支持的文件作为智能对象添加到图像中，Photoshop 与矢量图形 AI、EPS 文件之间的交流就是通过这个命令完成的。置入的对象自动变为智能对象，在置入的过程中，还可以对智能对象进行缩放、定位、斜切、旋转或变形等操作，而不影响图像的质量。

（9）　在【图层】面板中将"底纹"层调整到"图层 1"的下方，并设置该层的【不透明度】值为 25%，则图像效果如图 3-9 所示。

（10）　继续将本书光盘"第 03 章"文件夹中的"红酒 logo.ai"文件置入图像窗口中，调整其大小和位置如图 3-10 所示。

图 3-9　图像效果　　　　　　　　　　　图 3-10　置入的图形

（11）　选择工具箱中的 T 工具，在工具选项栏中设置选项如图 3-11 所示。

图 3-11　文字工具选项栏

（12）　在图像窗口中单击鼠标，输入"解百纳干红葡萄酒"，如图 3-12 所示，然后继续使用 T 工具输入拼音，结果如图 3-13 所示。

图 3-12　输入的文字　　　　　　　　　　图 3-13　输入的拼音

（13）　选择工具箱中的 工具，在图像窗口中建立一个细长的矩形选区，其位置如图 3-14 所示。

（14）　在【图层】面板中创建一个新图层"图层 2"，按下 Alt+Delete 组合键填充前景色，再按下 Ctrl+D 组合键取消选区，则图像效果如图 3-15 所示。

图 3-14　建立的选区 　　　　　　　　　　　图 3-15　图像效果

（15）　打开本书光盘"第 03 章"文件夹中的"庄园.jpg"文件，使用 ⏷️ 工具将打开的图像拖动到"红酒标签"图像窗口中，并按下 Ctrl+T 组合键添加变形框，适当调整其大小和位置，结果如图 3-16 所示。

PS 技术看板

移动工具 ⏷️ 主要用于移动选区中的图像或图层中的图像，使用它可以完成排列、移动和复制等操作。

在同一图像中移动选区中的图像时，原区域将以背景色填充，如果选区在普通图层上，则原区域变为透明；在不同的图像间移动选区时，将复制选区中的图像到目标图像中。

（16）　选择工具箱中的 ▢ 工具，在图像窗口中建立一个矩形选区，选择图片的下半部分，如图 3-17 所示。

图 3-16　图像效果

图 3-17　建立的选区

（17）　按下 Delete 键删除选区内的图像。然后按下 Ctrl+U 组合键，在打开的【色相/饱和度】对话框中调整颜色的饱和度，如图 3-18 所示。

（18）　单击 ▭确定▭ 按钮，提高图像的饱和度，效果如图 3-19 所示。

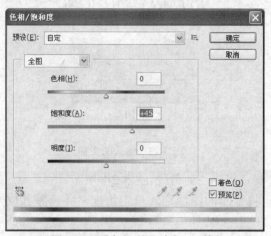

图 3-18　【色相/饱和度】对话框

图 3-19　图像效果

教你一招

　　在实际工作中，为了提高工作效率，往往会使用快捷键进行操作。请牢记下面几个调色命令的快捷键。色阶[Ctrl+L]、曲线[Ctrl+M]、色相/饱和度[Ctrl+U]、色彩平衡[Ctrl+B]。

　　（19）　参照前面的操作方法，将本书光盘"第 03 章"文件夹中的"葡萄藤.ai"文件置入图像窗口中，调整其大小和位置如图 3-20 所示。

　　（20）　单击菜单栏中的【图层】/【栅格化】/【智能对象】命令，将"葡萄藤"层转换为普通图层。然后在【图层】面板中锁定该层的透明像素，按下 Alt+Delete 组合键填充前景色，则图像效果如图 3-21 所示。

图 3-20　置入的图形

图 3-21　图像效果

　　（21）　在【图层】面板中复制"葡萄藤"层，得到"葡萄藤 副本"层，单击菜单栏中的【编辑】/【变换】/【水平翻转】命令，然后将复制的图像水平翻转，并调整其位置如图 3-22 所示。

　　（22）　选择工具箱中的 T 工具，在图像窗口中输入酿造年份"1996"，适当设置字体与大小，如图 3-23 所示。

图 3-22　调整复制图像的位置　　　　　　　图 3-23　输入的文字

（23）　在【图层】面板中复制"葡萄藤"层，得到"葡萄藤 副本 2"层。

（24）　按下 Ctrl+T 组合键添加变形框，将复制的图像旋转一定角度，并调整其位置，结果如图 3-24 所示。

（25）　选择工具箱中的 工具，在图像窗口中建立一个选区，选择上方的葡萄叶，如图 3-25 所示。

图 3-24　变换复制的图像　　　　　　　　　图 3-25　建立的选区

（26）　按下 Delete 组合键删除选区内的图像，并调整图像至合适的位置，效果如图 3-26 所示。

（27）　在【图层】面板中复制"葡萄藤 副本 2"层，得到"葡萄藤 副本 3"层。

（28）　单击菜单栏中的【编辑】/【变换】/【水平翻转】命令，将复制的图像水平翻转，并调整其位置如图 3-27 所示。

图 3-26　图像效果　　　　　　　　　　　　图 3-27　调整复制图像的位置

（29）　继续使用 T 工具在图像窗口中输入酒厂名称与拼音，并设置好字体与大小，最终效果如图 3-28 所示。

3.1.4　制作外包装的展开图

本例中的红酒包装盒是一个圆柱形，其展开图为长方形。由于在制作效果图时只能看到圆柱的一侧，所以本例仅制作展开图的局部。

（1）单击菜单栏中的【文件】/【新建】命令，在弹出的【新建】对话框中设置选项如图 3-29 所示。

图 3-28　标签效果

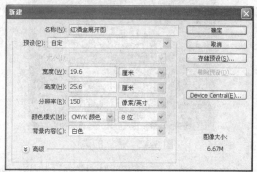

图 3-29　【新建】对话框

（2）单击 ▭确定▭ 按钮，创建一个新文件。

（3）按下 Ctrl+R 组合键显示标尺，在 0.3 cm 和 19.3 cm 处创建两条垂直参考线，在 0.3 cm 和 25.3 cm 处创建两条水平参考线，如图 3-30 所示。

（4）设置前景色为深紫红色（CMYK：50、100、70、40），按下 Alt+Delete 组合键填充前景色，则图像效果如图 3-31 所示。

图 3-30　创建的参考线

图 3-31　图像效果

（5）选择工具箱中的 ▭ 工具，在图像窗口中建立一个矩形选区，选区的大小与位置如图 3-32 所示。

（6）在【图层】面板中创建一个新图层"图层 1"。

（7）　选择工具箱中的 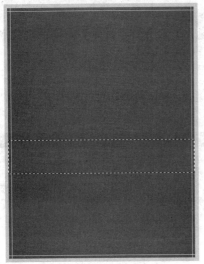工具，在工具选项栏中选择"线性渐变"类型，然后单击渐变预览条，在弹出的【渐变编辑器】窗口中设置渐变条下方的 3 个色标分别为灰色（CMYK：0、0、0、60）、白色和灰色（CMYK：0、0、0、60），如图 3-33 所示。

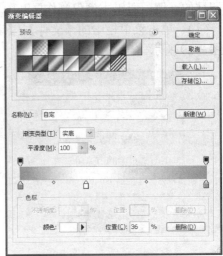

图 3-32　建立的选区　　　　　　　　图 3-33　【渐变编辑器】窗口

（8）　单击 确定 按钮确认操作，然后在图像窗口中由左向右拖动鼠标，填充渐变色，再按下 Ctrl+D 组合键取消选区，则图像效果如图 3-34 所示。

（9）　在【图层】面板中复制"图层 1"，得到"图层 1 副本"，然后锁定该层的透明像素。设置前景色为黑色，按下 Alt+Delete 组合键填充前景色，则图像效果如图 3-35 所示。

图 3-34　图像效果　　　　　　　　　　图 3-35　图像效果

（10）　按下 Ctrl+T 组合键添加变形框，按住 Alt 键略微向下拖动上方中间的控制点，如图 3-36 所示，然后按下回车键确认变换操作。

（11）　打开前面制作的"红酒标签.psd"文件，如图 3-37 所示。

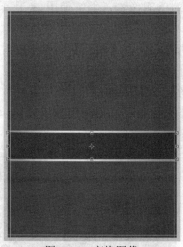

图 3-36　变换图像

图 3-37　打开的文件

（12）　在【图层】面板中同时选择"图层 2"、拼音图层和"解百纳干红葡萄酒"层，将这 3 个图层拖动到"红酒盒展开图"图像窗口中，然后按下 Ctrl+E 组合键合并图层为"图层 2"。

提示注意

合并图层时，合并后的图层名称将默认为最上方图层的名称。例如：在【图层】面板从上到下依次为"图层 1"、"图层 2"、"图层 3"……，则合并后的图层名称为"图层 1"。

（13）　按下 Ctrl+T 组合键添加变形框，调整图像的大小和位置如图 3-38 所示。

（14）　在【图层】面板中锁定"图层 2"的透明像素。选择工具箱中的 工具，在图像窗口中拖动鼠标，填充前面编辑过的渐变色，则图像效果如图 3-39 所示。

图 3-38　调整图像的大小和位置

图 3-39　图像效果

（15）　将本书光盘"第 03 章"文件夹中的"红酒 logo.ai"文件置入图像窗口中，并调整至适当大小。

（16）　单击菜单栏中的【图层】/【栅格化】/【智能对象】命令，将"红酒 logo"层转换为普通图层。

（17） 在【图层】面板中锁定"红酒 logo"层的透明像素，继续使用▢工具填充前面编辑的渐变色，效果如图 3-40 所示。

（18） 激活"红酒标签"图像窗口，参照前面的方法，在【图层】面板中同时选择生产年份与装饰图案等图层，将其拖动到"红酒盒展开图"图像窗口中。

（19） 按下 Ctrl+E 组合键合并图层，然后调整至适当大小，在【图层】面板中锁定该层的透明像素，继续使用▢工具填充前面编辑过的渐变色，则图像效果如图 3-41 所示。

图 3-40　图像效果

图 3-41　图像效果

（20） 用同样的方法，将公司名称与拼音图层也拖动到"红酒盒展开图"图像窗口中，合并图层后再填充前面编辑的渐变色，最终效果如图 3-42 所示。

图 3-42　最终效果

3.1.5 效果图的制作

本例中的效果图重点表现内包装玻璃瓶与柱形外包装盒的制作。在制作技术上通常有两种主要方法：一是通过填充渐变色表现其质感与立体感；二是通过调整图层控制其高光与阴影变形，突出立体效果。本例将采用后一种方法，下面首先学习包装瓶的制作。

1. 绘制包装瓶的形状

（1） 单击菜单栏中的【文件】/【新建】命令，在弹出的【新建】对话框中设置选项如图 3-43 所示。

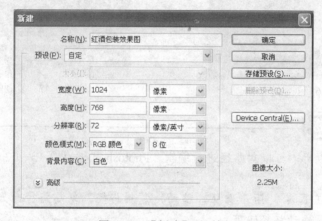

图 3-43 【新建】对话框

（2） 单击 [确定] 按钮，创建一个新文件。

（3） 选择工具箱中的 ▪ 工具，在工具选项栏中选择"黑，白渐变"，并选择"线性渐变"类型，然后按住 Shift 键在图像窗口中由上向下拖动鼠标，填充渐变色。

（4） 选择工具箱中的 ▪ 工具，在图像窗口中建立一个矩形选区，如图 3-44 所示。

（5） 选择工具箱中的 ▪ 工具，在选区中由上向下拖动鼠标，填充线性渐变色，再按下 Ctrl+D 组合键取消选区，则图像效果如图 3-45 所示。

图 3-44 建立的选区

图 3-45 图像效果

（6） 选择工具箱中的 ▯ 工具，在工具选项栏中按下 ▯ 按钮，选择"路径"工作方式，然后在图像窗口中创建一个封闭路径，如图 3-46 所示。

（7） 选择工具箱中的 工具，按住 Alt 键水平向右拖动路径，将其复制一份。

（8） 按下 Ctrl+T 组合键添加变形框，单击菜单栏中的【编辑】/【变换路径】/【水平翻转】命令，将复制的路径水平翻转，确认后调整其位置，使其与原路径重合一部分，如图 3-47 所示。

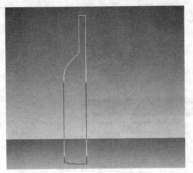

图 3-46 创建的路径

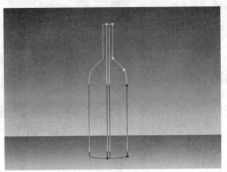

图 3-47 复制的路径

技术看板

创建路径以后，可以对路径进行编辑。Photoshop 提供了 3 个主要的路径编辑工具：

路径选择工具 ，用于选择、移动、复制路径，复制路径时只要按住 Alt 键，使用该工具拖动路径即可。

直接选择工具 ，用于选择与移动锚点，从而改变路径形状。

转换点工具 ，用于改变锚点的类型，使它们在角点、平滑点、拐点之间转换，从而影响路径的形状。

（9） 使用 工具同时选择两个路径，单击工具选项栏中的 组合 按钮，将其组合在一起，效果如图 3-48 所示。

（10） 按下 Ctrl+Enter 组合键，将路径转换为选区。

（11） 在【图层】面板中创建一个新图层"图层 1"，设置前景色为黑色，按下 Alt+Delete 组合键填充前景色，再按下 Ctrl+D 组合键取消选区，则图像效果如图 3-49 所示。

（12） 选择工具箱中的 工具，在瓶口处建立一个椭圆形选区，如图 3-50 所示，按下 Alt+Delete 组合键填充前景色。

（13） 选择工具箱中的 工具，在工具选项栏中设置【半径】为 0.1 cm，然后在瓶口处创建一个圆角矩形路径，如图 3-51 所示。

（14） 按下 Ctrl+Enter 组合键，将路径转换为选区。

（15） 按下 Alt+Delete 组合键，将选区填充前景色，然后按下 Ctrl+D 组合键取消选区，则图像效果如图 3-52 所示。

图 3-48　路径效果

图 3-49　图像效果

图 3-50　建立的选区

图 3-51　创建的路径

（16）　选择工具箱中的▢▢工具，在图像窗口中建立一个矩形选区，如图 3-53 所示。

图 3-52　图像效果

图 3-53　建立的选区

（17）　按下 Ctrl+J 组合键，将选区内的图像复制到一个新图层"图层 2"中，在【图层】面板中锁定该层的透明像素。

提示注意

在这里执行 Ctrl+J 组合键的目的有两个：一是将瓶口部分复制到一个独立的图层中，便于控制其颜色；二是便于后面使用剪贴蒙版功能制作瓶口底端的金色压线。如果不这样操作也可以，但是要求选择非常精确。

（18）　设置前景色为深紫红色（CMYK：50、100、70、40），按下 Alt+Delete 组合键填充前景色，则图像效果如图 3-54 所示。

（19）　选择工具箱中的 工具，在图像窗口中建立一个矩形选区，如图 3-55 所示。

图 3-54　图像效果　　　　　　　　　　　　图 3-55　建立的选区

（20）　在【图层】面板中创建一个新图层"图层 3"。

（21）　选择工具箱中的 工具，在工具选项栏中选择"橙，黄，橙渐变"，然后在选区内拖动鼠标，填充线性渐变色，则图像效果如图 3-56 所示。

（22）　在【图层】面板中将"图层 3"调整到"图层 2"的下方，按下 Alt+Ctrl+G 组合键，创建剪贴蒙版，则图像效果如图 3-57 所示。

图 3-56　图像效果　　　　　　　　　　　　图 3-57　图像效果

（23）　在【图层】面板中同时选择"图层 1"、"图层 2"和"图层 3"，按下 Ctrl+E 组合键合并图层为"图层 1"。

2.　处理包装瓶的质感

（1）　选择工具箱中的 ![]工具，在图像窗口中创建一个封闭路径，如图 3-58 所示。

（2）　按下 Ctrl+Enter 组合键，将路径转换为选区，然后按下 Shift+F6 组合键，在弹出的【羽化选区】对话框中设置【羽化半径】为 3 像素，对选区进行羽化处理。

（3）　在"图层 1"的上方创建一个新图层"图层 2"。设置前景色为白色，按下 Alt+Delete 组合键填充前景色，再按下 Ctrl+D 组合键取消选区，然后设置"图层 2"的【不透明度】值为 20%，则图像效果如图 3-59 所示。

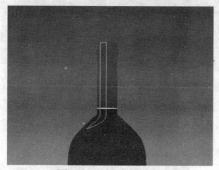

图 3-58　创建的路径

图 3-59　图像效果

（4）　按下 Alt+Ctrl+G 组合键，创建剪贴蒙版，然后在【图层】面板中复制"图层 2"，得到"图层 2 副本"，如图 3-60 所示。

PS 教你一招

　　剪贴蒙版是将相邻的图层组成一组，底层图像对上层图像起到蒙版的作用，这是一项非常好用的功能，底层图像相当于一个容器，透过它可以看到上层图像。其快捷键是 Alt+Ctrl+G 键，解除剪贴蒙版的快捷键也是 Alt+Ctrl+G 键。

（5）　使用 ![]工具将"图层 2 副本"中的图像调整到瓶口左边缘，由于它与"图层 1"是剪贴蒙版的关系，所以调整到边缘外的部分是看不见的，这样左边缘被提亮，产生高光效果，如图 3-61 所示。

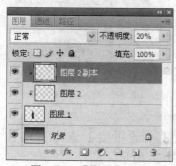

图 3-60　【图层】面板

图 3-61　图像效果

（6）　选择工具箱中的 ![]工具，在图像窗口中创建一个封闭路径，如图 3-62 所示。

（7） 按下 Ctrl+Enter 组合键，将路径转换为选区，然后在【图层】面板中创建一个新图层"图层 3"。

（8） 设置前景色为白色，选择工具箱中的▆工具，在工具选项栏中选择"前景色到透明渐变"，然后在选区内由左向右拖动鼠标，填充线性渐变色，效果如图 3-63 所示。

图 3-62　创建的路径

图 3-63　图像效果

（9） 单击菜单栏中的【滤镜】/【模糊】/【高斯模糊】命令，在弹出的【高斯模糊】对话框中设置选项如图 3-64 所示。

（10） 单击 确定 按钮，则图像效果如图 3-65 所示。

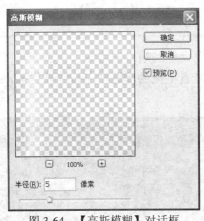

图 3-64　【高斯模糊】对话框

图 3-65　图像效果

（11） 在【图层】面板中设置"图层 3"的【不透明度】值为 60%，并按下 Alt+Ctrl+G 组合键，创建剪贴蒙版，则图像效果如图 3-66 所示。

（12） 在【图层】面板中复制"图层 3"，得到"图层 3 副本"，设置该层的【不透明度】值为 40%。

（13）　使用 工具将"图层 3 副本"中的图像调整到瓶体的左边缘，使左边缘产生轻微的高光，效果如图 3-67 所示。

图 3-66　图像效果

图 3-67　图像效果

（14）　在【图层】面板中复制"图层 3"，得到"图层 3 副本 2"。

（15）　单击菜单栏中的【编辑】/【变换】/【水平翻转】命令，将复制的图像水平翻转，并调整其位置如图 3-68 所示。

（16）　在【图层】面板中设置"图层 3 副本 2"的【不透明度】值为 20%，则图像效果如图 3-69 所示。

图 3-68　图像效果

图 3-69　图像效果

（17）　在【图层】面板中复制"图层 3 副本 2"，得到"图层 3 副本 3"，按下 Ctrl+T 组合键添加变形框，适当调整复制图像的大小，并将其向右侧移动，使瓶体的右边缘也产生轻微的高光效果，如图 3-70 所示。

（18）　将本书光盘"第 03 章"文件夹中的"红酒 logo.ai"文件置入图像窗口中，并调整其大小与位置，如图 3-71 所示。

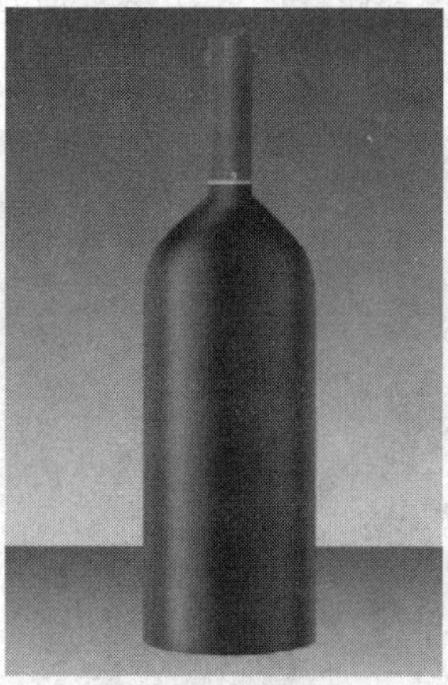

图 3-70　图像效果

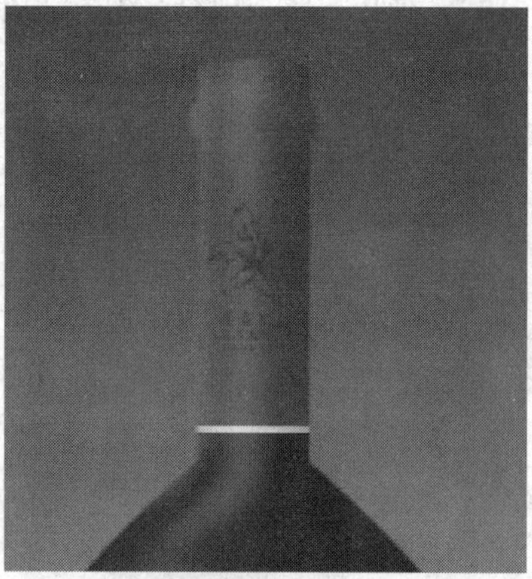

图 3-71　置入的图形

（19）　单击菜单栏中的【图层】/【栅格化】/【智能对象】命令，将“红酒 logo”层转换为普通图层，然后在【图层】面板中锁定该层的透明像素。

（20）　选择工具箱中的工具，在工具选项栏中单击渐变预览条，在弹出的【渐变编辑器】窗口中设置渐变条下方 3 个色标的 CMYK 值分别为（0、0、0、30）、（0、0、0、0）和（0、0、0、30），如图 3-72 所示。

（21）　单击 确定 按钮确认操作，然后在 logo 图像上拖动鼠标，填充线性渐变色，则图像效果如图 3-73 所示。

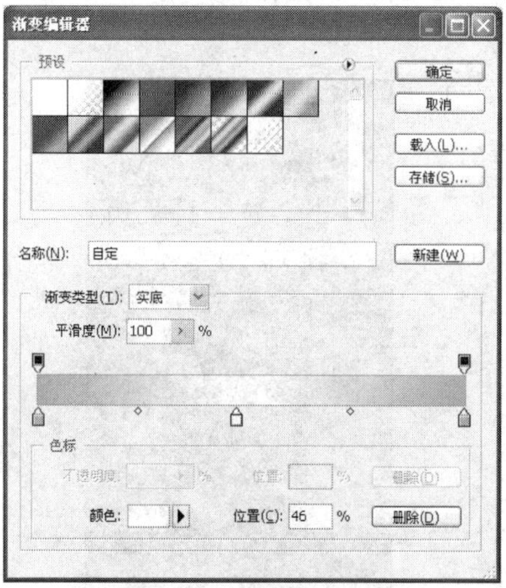

图 3-72　【渐变编辑器】窗口

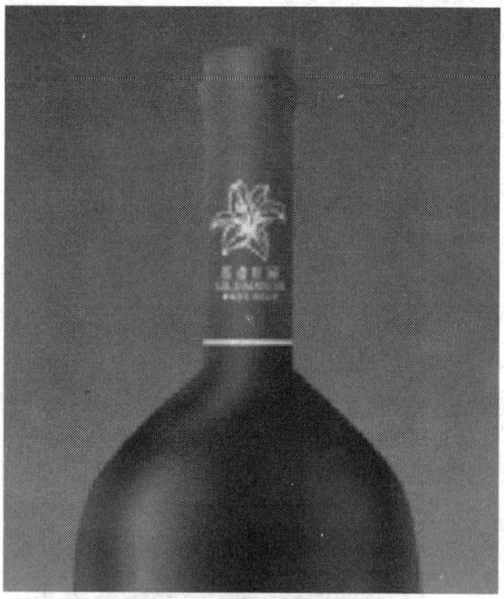

图 3-73　图像效果

（22）　打开前面制作的“红酒标签.psd”文件，按下 Shift+Ctrl+E 组合键，合并可见图层，然后使用工具将其拖动到“红酒包装效果图”图像窗口中，则【图层】面板中自动生成“图层 4”，如图 3-74 所示。

（23）　按下 Ctrl+T 组合键添加变形框，调整图像的大小和位置，结果如图 3-75 所示。

图 3-74　【图层】面板

图 3-75　图像效果

（24）　单击【图层】面板下方的 ▣ 按钮，为"图层 4"添加图层蒙版。

（25）　选择工具箱中的 ▣ 工具，在工具选项栏中选择"黑，白渐变"，并选择"线性渐变"类型，在图像窗口中由右向左拖动鼠标，填充线性渐变色，编辑图层蒙版，则图像效果如图 3-76 所示。

（26）　选择工具箱中的 ▣ 工具，在图像窗口中建立一个矩形选区，如图 3-77 所示。

图 3-76　图像效果

图 3-77　建立的选区

（27）　按下 Shift+F6 组合键，在弹出的【羽化选区】对话框中设置【羽化半径】为 10 像素，对选区进行羽化处理。

（28）　在【图层】面板中创建一个新图层"图层 5"，设置前景色为白色，按下 Alt+Delete 组合键填充前景色，再按下 Ctrl+D 组合键取消选区，则图像效果如图 3-78 所示。

（29）　按下 Alt+Ctrl+G 组合键，创建剪贴蒙版，则图像效果如图 3-79 所示。

图 3-78　图像效果　　　　　　　　　　　图 3-79　图像效果

3.　绘制包装盒

（1）　选择工具箱中的 ▢ 工具，在酒瓶的右侧建立一个矩形选区，如图 3-80 所示。

（2）　选择工具箱中的 ○ 工具，按住 Shift 键分别在矩形选区的上方和下方建立椭圆形选区，进行加选，使上下边缘略呈弧形，如图 3-81 所示。

图 3-80　建立的选区　　　　　　　　　　图 3-81　选区效果

提示注意

　　使用选择工具绘制包装盒的轮廓存在一定难度。如果读者得不到理想的形态，可以使用路径工具来创建，这样更合理。首先创建一个矩形路径，并在上、下两边的中点位置各添加一个锚点，调整出一定的弧度，最后转换为选区即可。

（3）　在【图层】面板中创建一个新图层"图层 6"，按下 Alt+Delete 组合键填充前景色，再按下 Ctrl+D 组合键取消选区，则图像效果如图 3-82 所示。

图 3-82　图像效果

（4）在【图层】面板中复制"图层 6"，得到"图层 6 副本"，然后选择"图层 6"为当前图层，按下 Ctrl+T 组合键添加变形框，在工具选项栏中设置【H】值为 101%，如图 3-83 所示，按下回车键，将其上下稍微拉长。

图 3-83　变换工具选项栏

（5）选择工具箱中的  工具，在工具选项栏中单击渐变预览条，在弹出的【渐变编辑器】窗口中设置渐变条下方的 3 个色标分别为灰色（CMYK：0、0、0、50）、白色和灰色（CMYK：0、0、0、50），如图 3-84 所示。

（6）单击 确定 按钮，在【图层】面板中锁定"图层 6"的透明像素，然后在图像窗口中由左向右拖动鼠标，填充线性渐变色，则图像效果如图 3-85 所示。

放大上下边缘后的效果

图 3-84　【渐变编辑器】窗口

图 3-85　图像效果

（7）打开前面制作的"红酒盒展开图.psd"文件，按下 Ctrl+A 组合键全选图像，再按下 Shift+Ctrl+C 组合键，合并复制选择的图像。

（8）　激活"红酒包装效果图"图像窗口，按下 Ctrl+V 组合键粘贴复制的图像，则【图层】面板中自动生成"图层 7"。

（9）　按下 Ctrl+T 组合键添加变形框，将其等比例缩小并按回车键确认操作，大小与位置如图 3-86 所示。

（10）　按下 Alt+Ctrl+G 组合键，在"图层 7"与"图层 6 副本"之间创建剪贴蒙版，然后再按下 Ctrl+T 组合键添加变形框，按住 Alt 键向左拖动变形框右边缘中间的控制点，将其稍微压扁，结果如图 3-87 所示。

图 3-86　变换图像　　　　　　　　　　　　　图 3-87　图像效果

（11）　单击菜单栏中的【滤镜】/【液化】命令，在弹出的【液化】对话框中使用较大的画笔推动图像，使之符合柱形的透视效果，如图 3-88 所示。

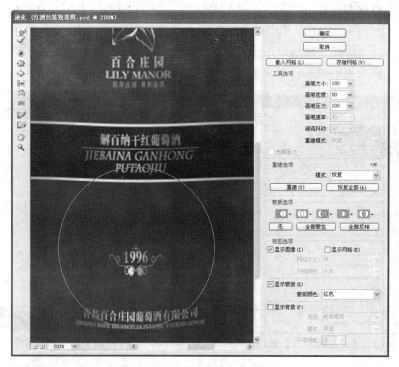

图 3-88　【液化】对话框

（12）单击 确定 按钮，则调整后的图像效果如图 3-89 所示。

（13）选择工具箱中的 工具，在图像窗口中建立一个矩形选区，如图 3-90 所示。

图 3-89　图像效果

图 3-90　建立的选区

（14）按下 Shift+F6，在弹出的【羽化选区】对话框中设置【羽化半径】为 10 像素，对选区进行羽化处理。

（15）在【调整】面板中单击 按钮，则【图层】面板中产生了"亮度/对比度 1"调整图层，在【调整】面板中设置选项如图 3-91 所示。

PS 技术看板

　　【调整】面板是 Photoshop CS4 新增的功能，当添加调整图层时，会自动弹出【调整】面板。另外，在【调整】面板中可以通过单击功能按钮，快速添加调整图层，也可以使用一些预设的调整方案。

（16）按下 Alt+Ctrl+G 组合键，创建剪贴蒙版，使"亮度/对比度 1"调整图层只对包装盒产生影响，如图 3-92 所示。

图 3-91　【调整】面板

图 3-92　图像效果

（17）在【图层】面板中复制"亮度/对比度 1"层，得到"亮度/对比度 1 副本"层，然后在【调整】面板中修改参数如图 3-93 所示。

（18）　使用 工具在图像窗口中向左拖动鼠标，得到包装盒的高光，效果如图 3-94 所示。

图 3-93　【调整】面板　　　　　　　　　　图 3-94　图像效果

（19）　在【图层】面板中创建一个新图层"图层 8"，然后使用 工具建立一个如图 3-95 所示的选区。

（20）　按下 Shift+F6 组合键，在弹出的【羽化选区】对话框中设置【羽化半径】为 15 像素，对选区进行羽化处理。

（21）　设置前景色为黑色，按下 Alt+Delete 组合键填充前景色，再按下 Ctrl+D 组合键取消选区，结果如图 3-96 所示。

图 3-95　建立的选区　　　　　　　　　　图 3-96　图像效果

（22）　在【图层】面板中设置"图层 8"的【不透明度】值为 35%，按下 Alt+Ctrl+G 组合键，创建剪贴蒙版，得到瓶子在包装盒上的投影，如图 3-97 所示。

（23）　打开本书光盘"第 03 章"文件夹中的"装饰.psd"文件，将其中的高脚杯与葡萄图像复制到"红酒包装效果图"图像窗口中，并调整到适当的位置，结果如图 3-98 所示。

图 3-97 图像效果

图 3-98 图像效果

（24） 至此完成了红酒包装效果图的制作。为了增强逼真效果，可以参照前面学习的方法制作倒影，最终效果如图 3-99 所示。

图 3-99 最终效果

教你一招

　　在制作柱形物体的倒影时，会出现透视错误的现象，从而导致倒影不美观、不逼真，如图 3-100 所示。要解决这一问题，可以使用菜单栏中的【编辑】/【变换】/【变形】命令，这是一个网格变形工具，能够自由控制图像的形态，可以有效校正倒影的透视问题，如图 3-101 所示。

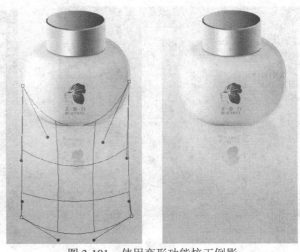

图 3-100　倒影存在瑕疵　　　　　　图 3-101　使用变形功能校正倒影

3.2　白酒包装设计

　　酒品的外包装在销售中起着重要的导向作用。其包装盒就像是一件漂亮的外套，不但可以提升产品的档次，还能够吸引顾客的注意力并引起其强烈的购买欲。白酒是中国的特产，白酒文化在中国博大精深的文化中占有很重要的地位，其包装设计往往具有浓郁的民族特色。

3.2.1　效果展示

　　本例效果如图 3-102 所示。

图 3-102　白酒包装的展开图与效果图

3.2.2 基本构思

通常情况下，红酒的包装主要体现的是欧式风格，而白酒的包装大部分体现的是传统的民族风格。所以在设计本例的白酒包装时，重点突出了中国传统的民族特色，颜色使用大红色，传递古朴、喜庆、富贵的民族情感，文字与图案则以中国古代书法、篆书为主，彰显中国古代风情文化；内包装为瓷器，巧妙地将酒文化与中国古典文化有机地融合在一起。

3.2.3 制作外包装的展开图

本例提供了 PSD 格式的素材文件，打开后是一个预处理过的图像，其中包装盒的展开图存放在"图层 1"中，读者可以在此基础上直接进行操作。

1. 制作正面图案

（1）打开本书光盘"第 03 章"文件夹中的"白酒盒型.psd"文件，将其另存为"白酒包装展开图.psd"文件。

（2）按下 Ctrl+R 组合键显示标尺，按照包装盒的形状创建多条参考线，便于后期设计与制作，如图 3-103 所示。

（3）选择工具箱中的 ⬚ 工具，在图像窗口中建立一个矩形选区，如图 3-104 所示。

图 3-103 创建的参考线

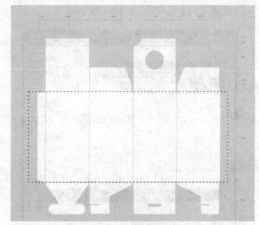

图 3-104 建立的选区

（4）按下 Ctrl+J 组合键，将选区内的图像拷贝到一个新图层"图层 2"中。

提示注意

由于提供的素材文件是一个预处理的 PSD 文件，其中包装盒的展开图存放在"图层 1"中，所以执行 Ctrl+J 组合键以后，新生成的图层为"图层 2"，后面遇到这种情况不再提示。

（5） 在【图层】面板中锁定"图层 2"的透明像素，设置前景色为深红色（CMYK：45、100、100、40），然后按下 Alt+Delete 组合键填充前景色，则图像效果如图 3-105 所示。

（6） 使用 工具在图像窗口中再建立一个矩形选区，如图 3-106 所示。

图 3-105 图像效果

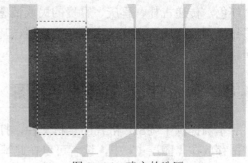
图 3-106 建立的选区

（7） 按下 Ctrl+J 组合键，将选区内的图像拷贝到一个新图层"图层 3"中，在【图层】面板中锁定该层的透明像素。

（8） 选择工具箱中的 工具，在工具选项栏中选择"线性渐变"类型，然后单击渐变预览条，在弹出的【渐变编辑器】窗口中设置渐变条下方 3 个色标的 CMYK 值分别为（52、100、100、35）、（0、100、100、0）和（52、100、100、35），如图 3-107 所示。

（9） 单击 确定 按钮确认操作，然后在图像窗口中由上向下拖动鼠标，填充渐变色，则图像效果如图 3-108 所示。

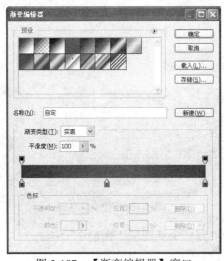
图 3-107 【渐变编辑器】窗口

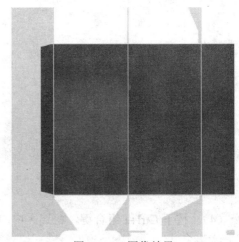
图 3-108 图像效果

（10） 单击菜单栏中的【文件】/【置入】命令，将本书光盘"第 03 章"文件夹中的"将进酒.ai"文件置入图像窗口中，并调整其大小和位置如图 3-109 所示。

（11） 按下 Alt+Ctrl+G 组合键，创建剪贴蒙版，然后在【图层】面板中设置"将进酒"层的【不透明度】值为 15%，则图像效果如图 3-110 所示。

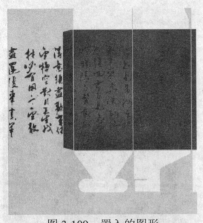

图 3-109　置入的图形

图 3-110　图像效果

（12）　选择工具箱中的 ◎ 工具，在工具选项栏中设置【边】为 3，在图像窗口中创建一个三角形路径，如图 3-111 所示。

（13）　使用 ▶ 工具选择下方的锚点，将其垂直向上移动，调整路径的形状与位置如图 3-112 所示。

图 3-111　创建的路径

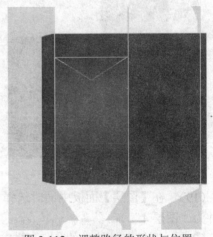

图 3-112　调整路径的形状与位置

（14）　按下 Ctrl+Enter 组合键，将路径转换为选区。然后选择工具箱中的 ▣ 工具，按住 Shift 键添加选区，如图 3-113 所示。

（15）　在【图层】面板中选择"图层 1"为当前图层，按下 Ctrl+J 组合键，将选区内的图像复制到一个新图层"图层 4"中，将该层调整到面板的最上方，则图像效果如图 3-114 所示。

（16）　在【图层】面板中锁定"图层 4"的透明像素，设置前景色为红色（CMYK：0、100、100、0），按下 Alt+Delete 组合键填充前景色，则图像效果如图 3-115 所示。

（17）　在【图层】面板中复制"图层 4"，得到"图层 4 副本"，并将该层调整到"图层 4"的下方。

（18）　选择工具箱中的 ▣ 工具，在工具选项栏中选择"橙，黄，橙渐变"，选择"线性渐变"类型，然后在图像窗口中水平拖动鼠标，填充渐变色，则图像效果如图 3-116 所示。

图 3-113　建立的选区

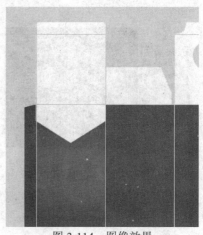

图 3-114　图像效果

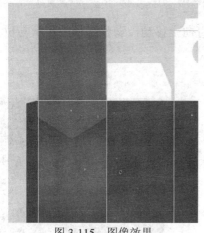

图 3-115　图像效果

图 3-116　图像效果

（19）　在【图层】面板中同时选择"图层 4"和"图层 4 副本"，按下 Ctrl+E 组合键合并为"图层 4"。

（20）　选择工具箱中的 ▦ 工具，在图像窗口中建立一个矩形选区，如图 3-117 所示。

（21）　按下 Ctrl+J 组合键，将选区内的图像拷贝到一个新图层"图层 5"中。

（22）　单击菜单栏中的【编辑】/【变换】/【垂直翻转】命令，将图像垂直翻转，并调整其位置如图 3-118 所示。

（23）　将本书光盘"第 03 章"文件夹中的"白酒 logo.ai"文件置入图像窗口中，调整其大小和位置如图 3-119 所示。

（24）　单击菜单栏中的【图层】/【栅格化】/【智能对象】命令，将"白酒 logo"层转换为普通图层，然后在【图层】面板中锁定该层的透明像素。

（25）　选择工具箱中的 ▬ 工具，在图像窗口中垂直拖动鼠标，填充前面选择的"橙，黄，橙"渐变色，则图像效果如图 3-120 所示。

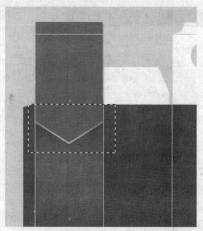

图 3-117　建立的选区

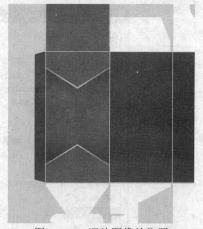

图 3-118　调整图像的位置

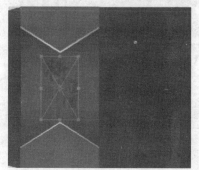

图 3-119　置入的图形

图 3-120　图像效果

（26）　单击菜单栏中的【图层】/【图层样式】/【斜面和浮雕】命令，在弹出的【图层样式】对话框中设置各项参数如图 3-121 所示。

（27）　在对话框左侧选择【描边】选项，设置描边色的 CMYK 值为（45、100、100、40），设置其他参数如图 3-122 所示。

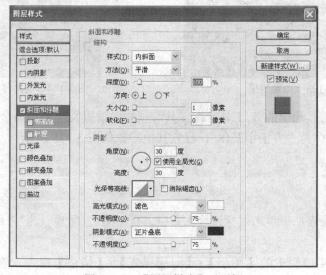

图 3-121　【图层样式】对话框

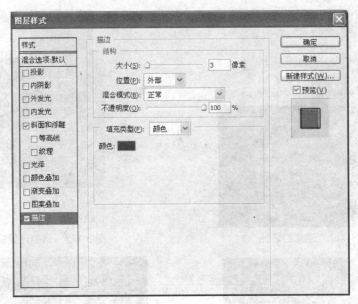

图 3-122 【图层样式】对话框

（28） 单击 确定 按钮，则图像效果如图 3-123 所示。

（29） 在【图层】面板中复制"白酒 logo"层，得到"白酒 logo 副本"层，按下 Ctrl+T 组合键添加变形框，将其等比例缩小，然后旋转 180°，并调整其位置如图 3-124 所示。

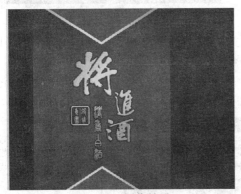

图 3-123 图像效果

图 3-124 变换复制的图像

（30） 选择工具箱中的 T 工具，在工具选项栏中设置文字颜色为金色（CMYK：5、30、100、5），字体为"方正小篆体"，设置其他参数如图 3-125 所示。

图 3-125 文字工具选项栏

（31） 在图像窗口中单击鼠标，输入文字"百年酿造 品质一流"，结果如图 3-126 所示。

（32） 单击菜单栏中的【图层】/【图层样式】/【描边】命令，在弹出的【图层样式】对话框中设置描边色的 CMYK 值为（45、100、100、40），然后设置其他各项参数如

图 3-127 所示。

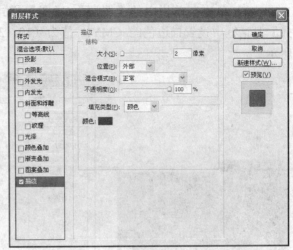

图 3-126　输入的文字　　　　　　　图 3-127　【图层样式】对话框

（33）　单击 确定 按钮，则文字效果如图 3-128 所示。

（34）　在文字工具选项栏中更改文字颜色为淡黄色（CMYK：0、10、30、0），然后分别输入厂址、酒精度、质量认证等信息，如图 3-129 所示。

图 3-128　文字效果　　　　　　　　图 3-129　输入的文字

2.　制作侧面图案及其他

（1）　选择工具箱中的 □ 工具，在工具选项栏中设置颜色为红色（CMYK：0、100、100、0），设置其他参数如图 3-130 所示。

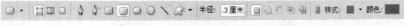

图 3-130　圆角矩形工具选项栏

（2）　在图像窗口中拖动鼠标，绘制一个圆角矩形，大小与位置如图 3-131 所示。

（3）　单击菜单栏中的【图层】/【图层样式】/【描边】命令，在弹出的【图层样式】对话框中设置描边色的 CMYK 值为（10、30、100、10），设置其他参数如图 3-132 所示。

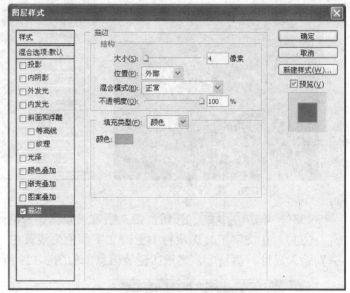

图 3-131　绘制的圆角矩形　　　　　　　　　　图 3-132　【图层样式】对话框

（4）　单击 ▭确定 按钮，则图像效果如图 3-133 所示。

（5）　在【图层】面板中复制"白酒 logo"层，得到"白酒 logo 副本 2"层，将该层的图层样式删除，并调整图像的位置如图 3-134 所示。

图 3-133　图像效果　　　　　　　　　　　　图 3-134　图像效果

PS 技术看板

　　图层样式是 Photoshop 非常重要的功能之一，该功能自 Photoshop 5.0 新增以来得到较大的完善，它可以轻松地完成一些常规的效果，如阴影、发光、浮雕、描边等，而不破坏图层内容。

　　在图层上添加了图层样式以后，可以随意地更改参数、复制样式、显示与隐藏样式、删除样式和存储样式等，这为设计工作带来了极大的方便。在包装设计中，使用比较频繁的图层样式有"描边"、"渐变叠加"与"斜面与浮雕"。

　　（6）　在【图层】面板中锁定"logo 副本 2"层的透明像素，使用 工具在深红色背景上单击鼠标，拾取为前景色，按下 Alt+Delete 组合键填充前景色，效果如图 3-135 所示。

　　（7）　在【图层】面板中设置"logo 副本 2"层的【不透明度】值为 15%，然后按下 Alt+Ctrl+G 组合键，创建剪贴蒙版，并适当调整图像的位置，如图 3-136 所示。

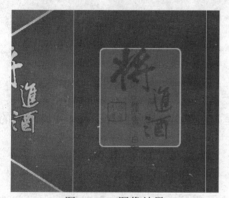

图 3-135　图像效果

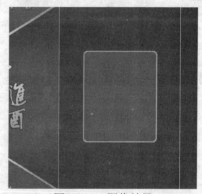

图 3-136　图像效果

　　（8）　使用 工具在图像窗口中输入相应的文字信息（具体可以参考光盘中的源文件），结果如图 3-137 所示。

　　（9）　选择工具箱中的 工具，在图像窗口中建立一个矩形选区，如图 3-138 所示。

图 3-137　输入的文字

图 3-138　建立的选区

（10） 按下 Shift+Ctrl+C 组合键，合并复制选区内的图像。

（11） 按下 Ctrl+V 组合键粘贴复制的图像，并调整其位置如图 3-139 所示。

（12） 用同样的方法，将制作好的侧面合并复制，然后粘贴到另一侧，最后再复制 "百年酿造，品质一流" 图层并调整其位置，最终效果如图 3-140 所示。

图 3-139　复制的图像 　　　　　　　　　　　　图 3-140　最终效果

3.2.4　效果图的制作

本例中的白酒包装效果图分为两部分：一是外包装盒的制作；二是内包装瓷瓶的制作。本节重点学习瓷瓶的表现技法。

1.　制作包装盒

（1） 单击菜单栏中的【文件】/【新建】命令，在弹出的【新建】对话框中设置选项如图 3-141 所示。

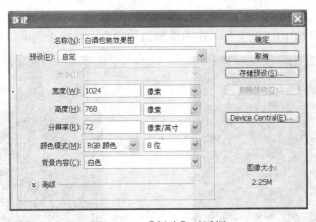

图 3-141　【新建】对话框

（2） 单击 确定 按钮，创建一个新文件。

（3） 选择工具箱中的 工具，在工具选项栏中选择 "黑，白渐变"，并选择 "线性渐变"类型，然后在图像窗口中由上向下拖动鼠标，填充渐变色，则图像效果如图 3-142 所示。

（4）打开前面制作的"白酒包装展开图.psd"文件，如图 3-143 所示。

图 3-142　图像效果

图 3-143　打开的文件

（5）使用▢工具建立一个矩形选区，选择包装盒的正面图案，按下 Shift+Ctrl+C 组合键，合并复制选择的图案。

（6）激活"白酒包装效果图"图像窗口，按下 Ctrl+V 组合键，粘贴复制的图像，然后按下 Ctrl+T 组合键添加变形框，按住 Ctrl 键向上拖动右侧中间的控制点，扭曲图像，再微调右侧另外两个控制点，使其具有透视效果，如图 3-144 所示，最后按下回车键确认变换操作。

（7）用同样的方法，将包装盒的侧面复制并粘贴到"白酒包装展开图"图像窗口中，按下 Ctrl+T 组合键添加变形框，参照上一步的方法对其进行扭曲操作，使其具有透视效果，并与包装盒的正面对齐，结果如图 3-145 所示。

图 3-144　变换图像

图 3-145　图像效果

（8）激活"白酒包装展开图"图像窗口，使用▢工具在图像窗口中建立一个矩形选区，选择如图 3-146 所示的顶盖部分。

（9）按下 Shift+Ctrl+C 组合键，合并复制选区内的图像。

（10）激活"白酒包装效果图"图像窗口，按下 Ctrl+V 组合键，粘贴复制的图像，然后按下 Ctrl+T 组合键添加变形框，按住 Ctrl 键对其进行扭曲操作，使其与正面、侧面对接起来，结果如图 3-147 所示。

图 3-146　建立的选区

图 3-147　图像效果

（11）　单击菜单栏中的【图像】/【调整】/【色相/饱和度】命令，在弹出的【色相/饱和度】对话框中设置选项如图 3-148 所示。

（12）　单击 确定 按钮，将顶盖部分调暗，增强立体效果，如图 3-149 所示。

图 3-148　【色相/饱和度】对话框

图 3-149　图像效果

PS 提示注意

为了增强包装盒的立体效果，应该使三个面的明暗有所变化。另外，本例中完成包装盒设计以后，已经产生了 3 个图层，即"图层 1"、"图层 2"和"图层 3"，后面操作中，再创建新图层时将在此基础上依次命名。

2.　制作包装瓶的瓶体

（1）　选择工具箱中的 ◯ 工具，在工具选项栏中设置选项如图 3-150 所示。

图 3-150　椭圆工具选项栏

（2）　在盒子的左侧创建一个椭圆形路径，如图 3-151 所示。

（3）　选择工具箱中的 ▢ 工具，再创建一个矩形路径，如图 3-152 所示。

图 3-151 创建的路径

图 3-152 创建的路径

（4） 使用 工具选择矩形路径，单击菜单栏中的【编辑】/【变换路径】/【透视】命令，为路径添加变形框，然后将右下角的控制点向左拖动，使路径透视变形，其结果如图 3-153 所示。

（5） 选择工具箱中的 工具，在图像窗口中再创建一个椭圆形路径，大小与位置如图 3-154 所示。

图 3-153 变形路径

图 3-154 创建的路径

（6） 按下 Ctrl+Enter 组合键，将路径转换为选区，如图 3-155 所示。

（7） 在【图层】面板中创建一个新图层"图层 4"，设置前景色为灰色（CMYK：0、0、0、20），按下 Alt+Delete 组合键填充前景色，再按下 Ctrl+D 组合键取消选区，则图像效果如图 3-156 所示。

图 3-155 将路径转换为选区

图 3-156 图像效果

（8） 选择工具箱中的 工具，在图像窗口中创建一个封闭的路径，如图 3-157 所示。按下 Ctrl+Enter 组合键，将路径转换为选区。

（9） 按下 Shift+F6 组合键，在弹出的【羽化选区】对话框中设置【羽化半径】为 30 像素，对选区进行羽化处理。

（10） 在【图层】面板中创建一个新图层"图层 5"，设置前景色为黑色，按下 Alt+Delete 组合键填充前景色，再按下 Ctrl+D 组合键取消选区。

（11） 按下 Alt+Ctrl+G 组合键，创建剪贴蒙版，则图像效果如图 3-158 所示。

图 3-157 创建的路径

图 3-158 图像效果

（12） 选择工具箱中的 工具，在图像窗口中建立一个矩形选区，如图 3-159 所示。

（13） 按下 Shift+F6 组合键，在弹出的【羽化选区】对话框中设置【羽化半径】为 30 像素，对选区进行羽化处理。

教你一招

羽化的作用是在填充选区或调整选区中的图像时，不产生清晰生硬的边界，使边缘柔和地过渡。设置羽化值时有两种情况：第一是创建选区以后使用【羽化选区】命令；第二是使用选择工具之前在工具选项栏中设置羽化值。

（14） 在【图层】面板中创建一个新图层"图层 6"，按下 Alt+Delete 组合键填充前景色，再按下 Ctrl+D 组合键取消选区，则图像效果如图 3-160 所示。

图 3-159 建立的选区

图 3-160 图像效果

（15） 在【图层】面板中设置"图层 6"的【不透明度】值为 60%，然后按下

Alt+Ctrl+G 组合键，创建剪贴蒙版，则图像效果如图 3-161 所示。

（16）　使用 ⌇ 工具沿着瓶身上方建立一个选区，如图 3-162 所示。

图 3-161　图像效果

图 3-162　建立的选区

（17）　按下 Shift+F6 组合键，在弹出的【羽化选区】对话框中设置【羽化半径】为 20 像素，对选区进行羽化处理。

（18）　在【图层】面板中创建一个新图层"图层 7"，按下 Alt+Delete 组合键填充前景色，则图像效果如图 3-163 所示。

（19）　在【图层】面板中设置"图层 7"的【不透明度】值为 40%，然后按下 Alt+Ctrl+G 组合键，创建剪贴蒙版，则图像效果如图 3-164 所示。

图 3-163　图像效果

图 3-164　图像效果

3.　制作包装瓶的瓶嘴

（1）　使用 ⊟ 工具在图像窗口中建立一个矩形选区，如图 3-165 所示。

（2）　选择工具箱中的 ◯ 工具，按住 Shift 键在矩形选区的底部拖动鼠标，进行加选，使其底端具有一定的弧度，如图 3-166 所示。

（3）　在【图层】面板中创建一个新图层"图层 8"。

（4）　选择工具箱中的 ▬ 工具，在工具选项栏中选择"线性渐变"类型，然后单击渐变预览条，在弹出的【渐变编辑器】窗口中设置渐变条下方三个色标的 CMYK 值分别为 （0、0、0、10）、（0、0、0、30）和（0、0、0、10），如图 3-167 所示。

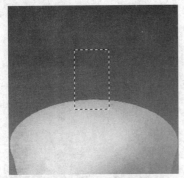

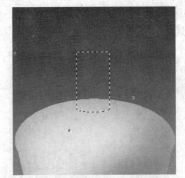

图 3-165　建立的选区　　　　　　　　　　　图 3-166 选区效果

（5）　单击 确定 按钮，在选区中由左向右拖动鼠标，填充渐变色，再按下 Ctrl+D
组合键取消选区，则图像效果如图 3-168 所示。

图 3-167　【渐变编辑器】窗口

图 3-168　图像效果

（6）　在【图层】面板中复制"图层 8"，得到"图层 8 副本"。按下 Ctrl+T 组合键添
加变形框，将复制的图像上下压扁一些，左右拉宽一些，结果如图 3-169 所示。

教你一招

　　按下 Ctrl+T 组合键以后，上下调整的时候，直接向上拖动底边中间的控制点
即可；而左右调整的时候，按住 Alt 键的同时向右拖动右边中间的控制点，可以
对称变形，确保调整后左、右两侧对称。

（7）　单击菜单栏中的【图像】/【调整】/【色相/饱和度】命令，在弹出的【色相/
饱和度】对话框中设置选项如图 3-170 所示。

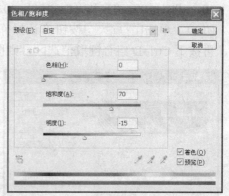

图 3-169　变换图像　　　　　　　　图 3-170　【色相/饱和度】对话框

（8）　单击　确定　按钮，则图像效果如图 3-171 所示。

PS 技术看板

　　本书前面的章节中，反复使用过【色相/饱和度】命令，但大部分都是调整明度，处理包装盒的明暗关系，增强立体感。而这里利用了【色相/饱和度】命令的着色功能，将瓶盖调整为红色。

　　在 Photoshop 中，【色相/饱和度】命令是一个非常重要的调整命令，它是基于 HSB 模式进行调色的，可以同时调整图像的色相、饱和度和明度，还可以对图像进行单色调着色处理。所谓 HSB 模式是针对人类的视觉而提出的一种颜色理论。其中，H 代表色相，即颜色的面貌和名称，如红、橙、黄、绿等；S 代表饱和度，指颜色的纯度；B 代表明度，指色彩的明暗和深浅程度。

（9）　使用 ⬭ 工具在图像窗口中建立一个椭圆形选区，如图 3-172 所示。

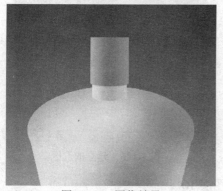

图 3-171　图像效果　　　　　　　　图 3-172　建立的选区

（10）　在【图层】面板中创建一个新图层"图层 9"。

（11）　选择工具箱中的 ▬ 工具，在工具选项栏中选择"线性渐变"类型，然后单击渐变预览条，在弹出的【渐变编辑器】窗口中设置渐变条下方两个色标的 CMYK 值分别为（40、100、100、0）和（0、100、80、0），如图 3-173 所示。

（12） 单击 确定 按钮确认操作，然后在选区内由右向左拖动鼠标，填充渐变色，再按下 Ctrl+D 组合键取消选区，则图像效果如图 3-174 所示。

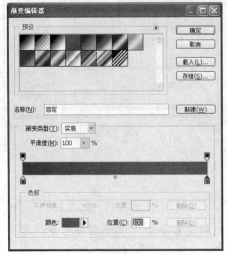

图 3-173 【渐变编辑器】窗口

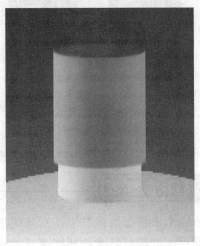

图 3-174 图像效果

（13） 在【图层】面板中复制"图层 9"，得到"图层 9 副本"。

（14） 按下 Ctrl+T 组合键添加变形框，按住 Shift 键拖动角端的控制点，将图像等比例缩小一点。然后单击菜单栏中的【编辑】/【变换】/【水平翻转】命令，将其水平翻转并确认操作，则图像效果如图 3-175 所示。

（15） 使用 工具在图像窗口中建立一个矩形选区，如图 3-176 所示。

图 3-175 图像效果

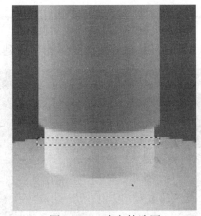

图 3-176 建立的选区

（16） 在【图层】面板中创建一个新图层"图层 10"。

（17） 选择工具箱中的 工具，在工具选项栏中选择"线性渐变"类型，然后单击渐变预览条，在弹出的【渐变编辑器】窗口中设置渐变条下方两个色标的 CMYK 值分别为（0、0、0、40）和（0、0、0、20），如图 3-177 所示。

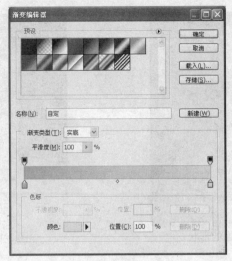

图 3-177　【渐变编辑器】窗口

（18）　单击 确定 按钮确认操作，然后在选区内由下向上拖动鼠标，填充渐变色，再按下 Ctrl+D 组合键取消选区，则图像效果如图 3-178 所示。

图 3-178　图像效果

（19）　单击菜单栏中的【滤镜】/【液化】命令，在弹出的【液化】对话框中将刚才绘制的图像调整为向下弯曲的弧形，结果如图 3-179 所示。

（20）　选择工具箱中的 工具，在图像的中间部分拖动鼠标，进行模糊处理，效果如图 3-180 所示。

（21）　在【图层】面板中选择"图层 8"为当前图层，使用 工具在瓶颈的接缝处拖动鼠标进行模糊处理，效果如图 3-181 所示。

（22）　选择工具箱中的 工具，在图像窗口中拖动鼠标，创建一个封闭的路径，如图 3-182 所示，创建该路径的时候，可以先创建大体形状，然后再调整到位。

图 3-179　调整图像的形状

图 3-180　图像效果

图 3-181　图像效果

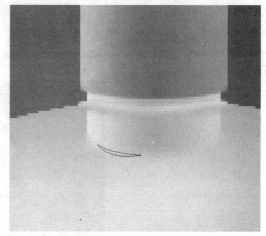

图 3-182　创建的路径

（23）　按下 Ctrl+Enter 组合键，将路径转换为选区。然后在"图层 8"的上方创建一个新图层"图层 11"。

（24）　设置前景色为白色，按下 Alt+Delete 组合键填充前景色，再使用 工具在图像上进行模糊处理，效果如图 3-183 所示。

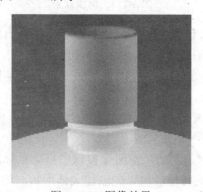

图 3-183　图像效果

（25）　在【图层】面板中复制"图层 11"，得到"图层 11 副本"，调整复制图像的位置如图 3-184 所示。

图 3-184　调整图像的位置

（26）　在【图层】面板中创建一个新图层"图层 12"，选择工具箱中的▢工具，在工具选项栏中按下【填充像素】按钮▢。然后在图像窗口拖动鼠标，绘制两个白色矩形，如图 3-185 所示。

（27）　单击菜单栏中的【滤镜】/【液化】命令，在弹出的【液化】对话框中调整白色矩形的形态，作为瓶体的高光，结果如图 3-186 所示。

图 3-185　绘制的矩形

图 3-186　图像效果

（28）　使用▢工具在白色的高光图像上拖动鼠标，进行模糊处理，然后在【图层】面板中设置"图层 12"的【不透明度】值为 80%，则图像效果如图 3-187 所示。

图 3-187　图像效果

提示注意 关键是处理好明暗、虚实关系，这是表现立体效果的基础。在上一操作步骤中，处理包装瓶的高光时有两个关键点：一是扭曲的处理，可以使用【液化】、【切变】命令，也可以使用【编辑】/【变换】/【变形】命令，读者可以尝试操作；二是虚化的处理，可以使用模糊工具，也可以使用【高斯模糊】命令。此处只有适度扭曲与虚化处理，高光效果才更逼真。

（29）　在【图层】面板中复制"图层 1"，得到"图层 1 副本"，调整复制图像的位置如图 3-188 所示。

图 3-188　调整复制图像的位置

（30）　在【图层】面板中将"图层 1 副本"调整到"图层 4"的上方，则其自动添加到"图层 4"的剪贴蒙版中，效果如图 3-189 所示。

图 3-189　图像效果

（31）　单击菜单栏中的【滤镜】/【扭曲】/【切变】命令，在弹出的【切变】对话框中设置选项如图 3-190 所示。

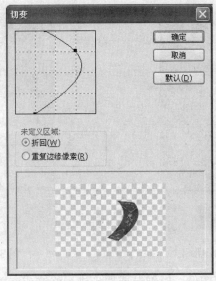

图 3-190　【切变】对话框

（32）　单击 确定 按钮，则图像产生切变扭曲效果。

（33）　在【图层】面板中设置"图层 1 副本"的【不透明度】值为 30%，然后在图像窗口中调整好图像的位置，效果如图 3-191 所示。

图 3-191　图像效果

图 3-192　图像效果

（34）　选择工具箱中的 工具，在图像窗口中依次单击鼠标，选择右上角的图像，按下 Delete 键将其删除，结果如图 3-192 所示。

（35）　在【图层】面板中选择最上方的图层为当前图层，然后将本书光盘"第 03 章"文件夹中的"白酒 logo.ai"文件置入图像窗口中，并调整其大小和位置如图 3-193 所示。

（36）　在【图层】面板中设置"白酒 logo"层的混合模式为"点光"，则图像效果如图 3-194 所示。

图 3-193　置入的图形

图 3-194　图像效果

（37）　最后，统观整幅图像，对细节或瑕疵进行修饰或完善，并参照前面的操作方法添加倒影效果，如图 3-195 所示。

图 3-195　最终效果

第 4 章

食品包装设计与制作

食品包装门类繁多，形态各异，如盒式的硬包装、塑料的软包装、纸质的软包装等。但总体来说，食品包装一定要让消费者有食欲，另外还要根据消费者细分市场，比如卖给孩子的糖果，要体现活泼可爱；卖给大人的月饼要突出高贵、典雅和喜庆。

本章主要介绍两种形态的包装设计，一种是以月饼为代表的硬包装；一种是以糖果为代表的软包装。通过这两种包装分别学习其 Photoshop 表现技法与设计过程中的一些理念。

4.1　月饼包装设计

每逢中秋节，月饼都是人们寄托情思的馈赠佳品，其包装越来越华丽，虽然有人说现在的月饼"华而不实，只是卖个包装而已"，但是人们却无法拒绝这种"华而不实"，中秋佳节，提着上档次的月饼，无论是送礼还是自己吃，都十分体面，而商家就是抓住了消费者的这种心理。本节将设计并制作一款豪华的月饼包装。

4.1.1　效果展示

本例效果如图 4-1 所示。

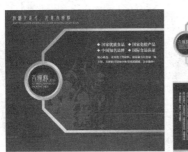

图 4-1　月饼包装的平面图与效果图

4.1.2　基本构思

中秋节是中国的传统节日，素有赏月、吃月饼之习俗。因此在设计月饼包装时，要紧密围绕这一主题进行创作。本例以红色、金黄色为主调，既有民族特点，又表达了富贵、喜庆与吉祥；同时以龙纹图案与花卉图案并存的形式突出了古典与时尚；主题文字以篆书书写，依然体现了中国的古代文化。

由于这款礼盒包装的底面与侧面没有内容，所以只设计出有内容的正面与盒盖部分，然后交由印刷厂根据盒型拼版即可。

4.1.3　制作礼盒的正面

（1）　单击菜单栏中的【文件】/【新建】命令，创建一个 35 cm×30 cm，分辨率为

120 px/in 的新文件。

（2） 设置前景色为深红色（CMYK：40、100、100、40），按下 Alt+Delete 组合键填充前景色。

（3） 按下 Ctrl+R 组合键显示标尺，在 8 cm 处创建一条垂直参考线，在 4 cm 和 26 cm 处创建两条水平参考线，如图 4-2 所示。

（4） 选择工具箱中的 工具，沿参考线建立一个矩形选区，如图 4-3 所示。

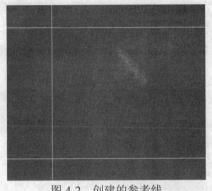 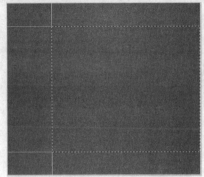

图 4-2 创建的参考线　　　　　　　　图 4-3 建立的选区

（5） 在【图层】面板中创建一个新图层"图层 1"。

（6） 选择工具箱中的 工具，在工具选项栏中选择"线性渐变"类型，然后单击渐变预览条，在弹出的【渐变编辑器】窗口中设置渐变条下方三个色标的 CMYK 值分别为（30、50、80、10）、（0、0、80、0）和（30、50、80、10），如图 4-4 所示。

（7） 单击 确定 按钮确认操作，然后在选区中由左上角向右下角拖动鼠标填充渐变色，再按下 Ctrl+D 组合键取消选区，则图像效果如图 4-5 所示。

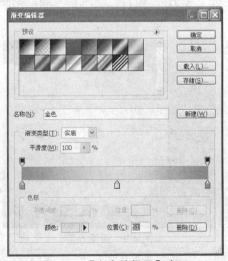 

图 4-4 【渐变编辑器】窗口　　　　　图 4-5 图像效果

PS 教你一招

　　在【渐变编辑器】窗口中编辑渐变色以后，如果需要反复使用该渐变色，可以将其保存起来，供以后直接调用。保存方法是在【名称】选项中输入渐变色的名称，然后单击 新建(W) 按钮。使用的时候在预设窗口中选择它即可。本例中将前面编辑的渐变色命名为"金色"，以方便后面使用。

（8）　在 13 cm 处创建一条垂直参考线，如图 4-6 所示。

（9）　选择工具箱中的 ⟡ 工具，在图像窗口中依次单击鼠标，建立一个三角形选区，如图 4-7 所示。

图 4-6　创建的参考线

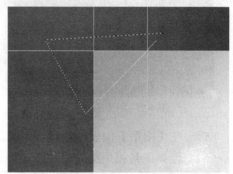

图 4-7　建立的选区

（10）　按下 Delete 键删除选区内的图像，再使用 ⟡ 工具选择右下角的图像，如图 4-8 所示。

（11）　按下 Delete 键删除选区内的图像，再按下 Ctrl+；组合键隐藏参考线，则图像效果如图 4-9 所示。

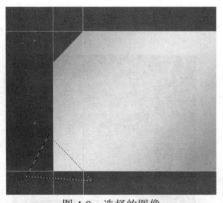

图 4-8　选择的图像

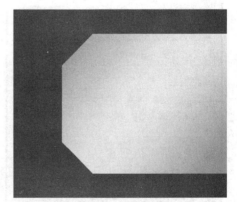

图 4-9　图像效果

（12）　在【图层】面板中复制"图层 1"，得到"图层 1 副本"，锁定该层的透明像素，设置前景色为深红色（CMYK：50、100、100、50），按下 Alt+Delete 组合键填充前景色，则图像效果如图 4-10 所示。

PS 技术看板

　　在 Photoshop 中，多边形套索工具主要用于建立不规则的多边形选区。在创建选区的过程中，有以下操作技巧：

　　（1）　按住 Shift 键的同时单击鼠标，可以确保选区的边缘是水平的、垂直的或成 45° 角。

　　（2）　按住 Alt 键可以在多边形套索和自由套索之间进行切换，使选区的创建更加方便。

　　（13）　按下 Ctrl+T 组合键添加变形框，将图像等比例缩小，结果如图 4-11 所示。

图 4-10　图像效果

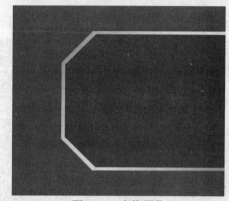

图 4-11　变换图像

　　（14）　选择工具箱中的 ○ 工具，按住 Shift 键在图像窗口中拖动鼠标，建立一个圆形选区，如图 4-12 所示。

　　（15）　在【图层】面板的最上方创建一个新图层"图层 2"。

　　（16）　选择工具箱中的 工具，在工具选项栏中选择前面编辑的"金色"渐变色，在选区内由左上角向右下角拖动鼠标，填充线性渐变色，然后按下 Ctrl+D 组合键取消选区，则图像效果如图 4-13 所示。

　　（17）　在【图层】面板中复制"图层 2"，得到"图层 2 副本"。

　　（18）　按下 Ctrl+T 组合键添加变形框，将复制的图像等比例缩小，然后单击菜单栏中的【编辑】/【变换】/【水平翻转】命令，将其水平翻转，结果如图 4-14 所示。

　　（19）　在【图层】面板中复制"图层 2 副本"，得到"图层 2 副本 2"，锁定该层的透明像素。

　　（20）　选择工具箱中的 工具，在工具选项栏中选择"径向渐变"类型，然后单击渐变预览条，在弹出的【渐变编辑器】窗口中设置渐变条下方两个色标的 CMYK 值分别为（0、100、100、0）和（50、100、100、50），如图 4-15 所示。

　　（21）　单击 确定 按钮确认操作，然后由圆形中心位置向外拖动鼠标填充渐变色，则图像效果如图 4-16 所示。

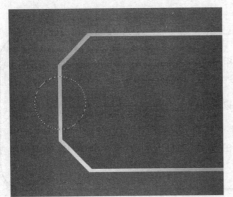

图 4-12　建立的选区

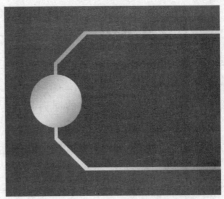

图 4-13　图像效果

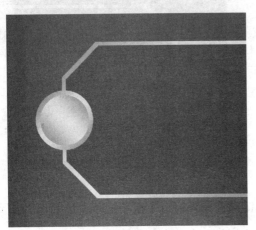

图 4-14　图像效果

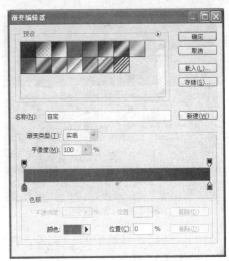

图 4-15　【渐变编辑器】窗口

　　（22）　按下 Ctrl+T 组合键添加变形框，然后按住 Alt+Shift 组合键的同时拖动角端的控制点，将图像等比例缩小并确认，结果如图 4-17 所示。

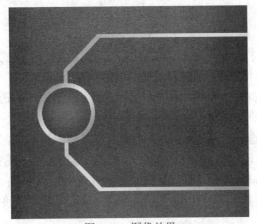

图 4-16　图像效果

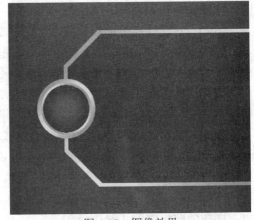

图 4-17　图像效果

（23） 单击菜单栏中的【文件】/【置入】命令，将本书光盘"第 04 章"文件夹中的"龙纹.ai"文件置入图像窗口中，调整其大小和位置如图 4-18 所示。

（24） 在【图层】面板中设置"龙纹"层的混合模式为"实色混合"，【不透明度】值为 70%，则图像效果如图 4-19 所示。

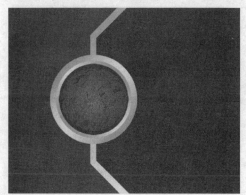

图 4-18 置入的图形

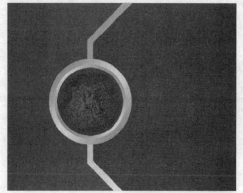

图 4-19 图像效果

教你一招

图层的混合模式是指当前图层与其下方图层之间的混合效果，共有 25 种混合模式。在设计的过程中，合理地运用会得到意想不到的效果。可以先选择一种模式，然后使用方向键↓依次切换。

（25） 将本书光盘"第 04 章"文件夹中的"横版 logo.ai"文件置入图像窗口中，并调整其大小和位置如图 4-20 所示。

（26） 单击菜单栏中的【图层】/【栅格化】/【智能对象】命令，将"横版 logo"层转换为普通图层，然后在【图层】面板中锁定该层的透明像素。

（27） 选择工具箱中的 工具，在工具选项栏中选择"线性渐变"类型，并选择前面编辑的"金色"渐变色，在置入的图像上由左上角向右下角拖动鼠标填充渐变色，结果如图 4-21 所示。

图 4-20 置入的图形

图 4-21 图像效果

（28） 在【图层】面板中复制"龙纹"层，得到"龙纹 副本"层。

（29）按下 Ctrl+T 组合键添加变形框，按住 Shift 键将复制的图像等比例放大，并调整其位置如图 4-22 所示。

（30）在【图层】面板中将"龙纹 副本"层调整到"背景"层的上方，并设置该层的混合模式为"颜色减淡"，结果如图 4-23 所示。

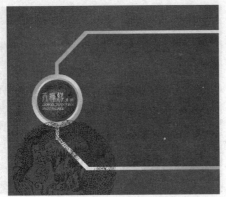

图 4-22　变换复制的图形

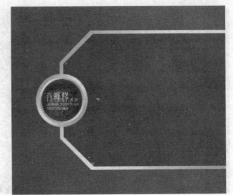

图 4-23　图像效果

（31）在【图层】面板中复制"龙纹 副本"层，得到"龙纹 副本 2"层，按下 Ctrl+T 组合键添加变形框，将其适当缩小，并调整至图像的右上角，结果如图 4-24 所示。

（32）将本书光盘"第 04 章"文件夹中的"花纹.ai"文件置入图像窗口中，并调整其大小和位置如图 4-25 所示。

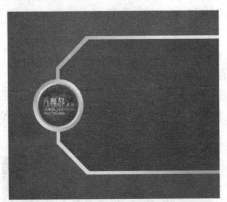

图 4-24　图像效果

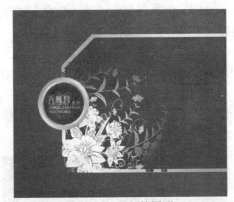

图 4-25　置入的图形

（33）在【图层】面板中将"花纹"层调整到"图层 1 副本"的上方，然后按下 Alt+Ctrl+G 组合键，创建剪贴蒙版，则图像效果如图 4-26 所示。

（34）在【图层】面板中设置"花纹"层的混合模式为"颜色减淡"，【不透明度】值为 50%，则图像效果如图 4-27 所示。

（35）设置前景色的 CMYK 值为（10、30、80、10），选择工具箱中的 T 工具，在工具选项栏中设置选项如图 4-28 所示。

（36）在图像窗口中单击鼠标，输入文字"但愿人长久，千里共婵娟"以及其拼音，效果如图 4-29 所示。

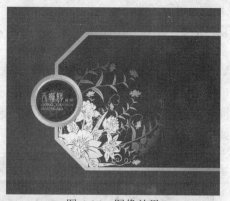

图 4-26　图像效果

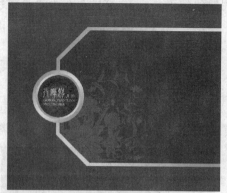

图 4-27　图像效果

图 4-28　文字工具选项栏

（37）　用同样的方法，再输入其他相关文字，文字颜色的 CMYK 值为（0、10、30、0），字体、大小适当即可，效果如图 4-30 所示。

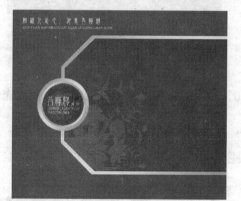

图 4-29　输入的文字

图 4-30　输入的文字

提示注意

在 Photoshop 中输入文字时，如果完成了一次文字输入，要继续在新图层中输入文字，需要先输入文字后再设置字符属性，否则将影响前一次输入的文字。另外，也可以先创建一个新图层，设置字符属性后再输入文字。

（38）　至此，完成了月饼包装的正面制作，按下 Ctrl+S 组合键，将文件保存为"月饼包装正面.psd"。

4.1.4　制作盒盖的正面

（1）　接着 4.1.3 节中的实例继续。单击菜单栏中的【文件】/【存储为】命令，将

"月饼包装正面.psd"文件另存为"月饼包装盒盖正面.psd"文件。

（2） 在【图层】面板中删除所有的文字图层以及"龙纹 副本"、"龙纹 副本 2"层，则图像效果如图 4-31 所示。

（3） 在【图层】面板中同时选择"图层 1"、"图层 1 副本"和"花纹"层，并复制这三个图层。

（4） 按下 Ctrl+T 组合键添加变形框，然后按住 Shift 和 Alt 键将其等比例缩小，再按住 Alt 键将其在垂直方向上稍微压扁，调整位置如图 4-32 所示。

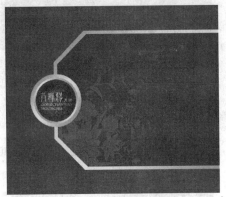 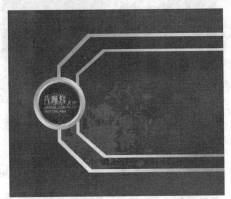

图 4-31　删除后的效果　　　　　　　　　　图 4-32　变换复制的图像

（5） 在【图层】面板中删除"花纹"图层，然后选择"图层 1 副本"层为当前图层。

（6） 设置前景色为淡黄色（CMYK：0、10、30、0），按下 Alt+Delete 组合键填充前景色，则图像效果如图 4-33 所示。

（7） 在【图层】面板中选择"花纹 副本"层为当前图层，然后将本书光盘"第 04章"文件夹中的"竖版 logo.ai"文件置入图像窗口中，调整其位置和大小如图 4-34 所示。

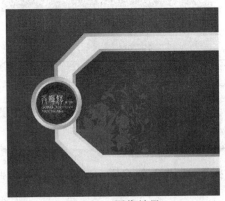 

图 4-33　图像效果　　　　　　　　　　　图 4-34　置入的图形

（8） 单击菜单栏中的【图层】/【栅格化】/【智能对象】命令，将"竖版 logo"层转换为普通图层，然后在【图层】面板中锁定该层的透明像素。

（9） 选择工具箱中的 工具，在工具选项栏中选择前面编辑的"金色"渐变色，在图像窗口中垂直拖动鼠标，填充线性渐变色，则图像效果如图 4-35 所示。

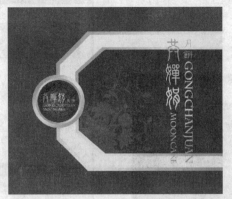

图 4-35　图像效果

（10）　单击菜单栏中的【图层】/【图层样式】/【描边】命令，在弹出的【图层样式】对话框中设置描边色的 CMYK 值为（40、100、100、40），设置其他参数如图 4-36 所示。

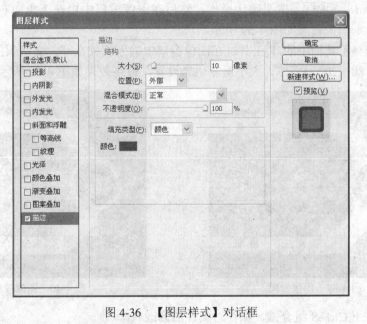

图 4-36　【图层样式】对话框

（11）　单击 ⌈　确定　⌋ 按钮，则图像效果如图 4-37 所示。

（12）　在【图层】面板中选择"图层 1 副本 3"为当前图层，并锁定该层的透明像素。

（13）　选择工具箱中的 ▆ 工具，在工具选项栏中选择"线性渐变"类型，然后单击渐变预览条，在弹出的【渐变编辑器】窗口中设置渐变条下方三个色标的 CMYK 值分别为（30、100、100、40）、（0、100、100、10）和（30、100、100、40），如图 4-38 所示。

图 4-37　图像效果

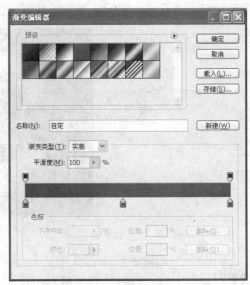

图 4-38　【渐变编辑器】窗口

（14）　单击 [确定] 按钮确认操作，然后在图像窗口中由左下角向右上角拖动鼠标填充渐变色，则图像效果如图 4-39 所示。

（15）　选择工具箱中的 T 工具，在图像窗口中输入相关文字，文字颜色的 CMYK 值为（10、40、80、20），字体、大小可以适当设置，最终效果如图 4-40 所示。

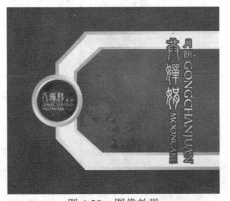

图 4-39　图像效果

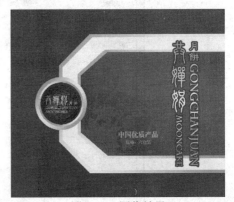

图 4-40　图像效果

（16）　按下 Ctrl+S 组合键，保存对文件的修改。

4.1.5　制作盒盖的反面

（1）　接 4.1.4 节的实例继续。单击菜单栏中的【文件】/【存储为】命令，将"月饼包装盒盖正面.psd"文件另存为"月饼包装盒盖反面.psd"。

（2）　在【图层】面板中删除多余的图层，只保留所需要的图层，如图 4-41 所示。删除图层后的图像效果如图 4-42 所示。

图 4-41【图层】面板

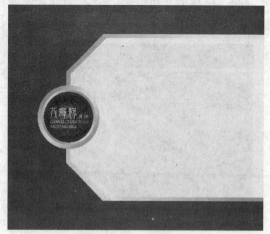

图 4-42　删除后的效果

（3）　单击菜单栏中的【图像】/【图像旋转】/【水平翻转画布】命令，将图像水平翻转，结果如图 4-43 所示。

（4）　在【图层】面板中选择"横板 logo"层为当前图层。单击菜单栏中的【编辑】/【变换】/【水平翻转】命令，将图像水平翻转，结果如图 4-44 所示。

图 4-43　变换图像

图 4-44　图像效果

提示注意

　　Photoshop 初学者要清楚【水平翻转】与【水平翻转画布】之间的区别。【水平翻转】只对当前图层而言，【水平翻转画布】则对整个图像而言，执行该命令后，不管图像有多少图层，均发生方向改变。

　　在上面操作中，由于【水平翻转画布】操作导致了文字方向的错误，所以紧接着又执行了【水平翻转】命令，从而改正了文字方向。

（5）　在【图层】面板中选择"图层 1 副本"为当前图层，锁定该层的透明像素，设置前景色的 CMYK 值为（50、100、100、50），按下 Alt+Delete 组合键填充前景色，则图像效果如图 4-45 所示。

（6）选择工具箱中的 ▯ 工具，在图像窗口中建立一个矩形选区，大小与位置设置如图 4-46 所示。

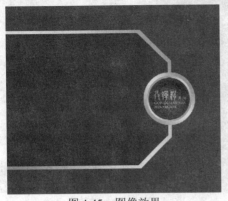

图 4-45　图像效果

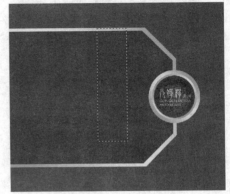

图 4-46　建立的选区

（7）在"图层 1 副本"层的上方创建一个新图层"图层 3"，然后设置前景色为淡黄色（CMYK：0、10、30、0），按下 Alt+Delete 组合键填充前景色，再按下 Ctrl+D 组合键取消选区，接着按下 Alt+Ctrl+G 组合键，创建剪贴蒙版，结果如图 4-47 所示。

（8）将本书光盘"第 04 章"文件夹中的"竖版 logo.ai"文件置入图像窗口中，调整其大小和位置如图 4-48 所示。

图 4-47　图像效果

图 4-48　置入的图形

（9）单击菜单栏中的【图层】/【栅格化】/【智能对象】命令，将"竖版 logo"层转换为普通图层，然后在【图层】面板中锁定该层的透明像素。

（10）设置前景色为深红色（CMYK：50、100、100、50），按下 Alt+Delete 组合键填充前景色，则图像效果如图 4-49 所示。

（11）选择工具箱中的 ▯ 工具，在图像窗口中输入相关文字，适当调整其字体、大小与行距等，结果如图 4-50 所示。

教你一招

　　改变 Logo 文字的颜色时，我们使用了填色的方法，使用这种方法必须栅格化智能对象图层才能操作。读者还可以直接使用【颜色叠加】图层样式来改变其颜色，这种方法不必栅格化图层，直接操作即可。

图 4-49　图像效果

图 4-50　输入的文字

（12）　选择工具箱中的 工具，在工具选项栏中设置选项如图 4-51 所示。

| \ · | □ □ □ ◇ ⌐ ○ ○ ○ \ ⌐ · | 粗细： | 3 px | 模式： | 正常 | ▼ | 不透明度： | 100% | ▶ | ☑消除锯齿 |

图 4-51　直线工具选项栏

（13）　在【图层】面板中创建一个新图层"图层 4"，设置前景色为淡黄色（CMYK：0、10、30、0），在图像窗口中垂直拖动鼠标，绘制一条直线，效果如图 4-52 所示。

（14）　选择工具箱中的 工具，按住 Alt 键向左拖动直线，将其复制多条，并依次调整到两列文字的中间，效果如图 4-53 所示。

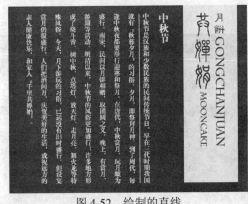

图 4-52　绘制的直线

图 4-53　图像效果

（15）　按下 Ctrl+S 组合键，保存对文件的修改。

4.1.6　效果图的制作

为了整体表现出月饼包装盒的设计效果，在制作效果图时从两个方面进行了展示，一是盖上盒盖的效果，二是打开盒盖的效果。

（1）　单击菜单栏中的【文件】/【新建】命令，在弹出的【新建】对话框中设置选项如图 4-54 所示。

（2）　单击 确定 按钮，创建一个新文件。

（3） 选择工具箱中的 工具，在工具选项栏中选择"黑，白渐变"，并选择"线性渐变"类型，然后在图像窗口中由上向下拖动鼠标填充渐变色，则图像效果如图 4-55 所示。

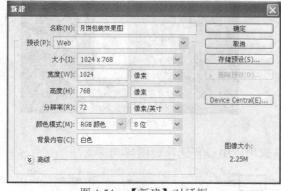

图 4-54 　【新建】对话框　　　　　　　　　　　图 4-55 　图像效果

（4） 打开前面制作的"月饼包装正面.psd"文件，按下 Shift+Ctrl+E 组合键，合并可见图层，然后将图像拖动到"月饼包装效果图"图像窗口中，则【图层】面板中自动生成了"图层 1"。

（5） 按下 Ctrl+T 组合键添加变形框，然后按住 Shift 键将其等比例缩小，如图 4-56 所示。

（6） 按住 Ctrl 键的同时分别调整角端的四个控制点，使其具有一定的透视效果，然后按下回车键确认操作，结果如图 4-57 所示。

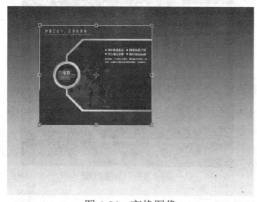

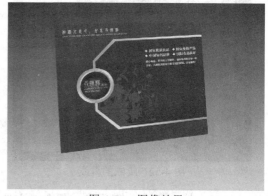

图 4-56 　变换图像　　　　　　　　　　　图 4-57 　图像效果

（7） 选择工具箱中的 工具，在图像窗口中建立一个矩形选区，如图 4-58 所示。

（8） 在【图层】面板中创建一个新图层"图层 2"。

（9） 设置前景色为深红色（CMYK：50、100、100、50），按下 Alt+Delete 组合键填充前景色，再按下 Ctrl+D 组合键取消选区，则图像效果如图 4-59 所示。

（10） 按下 Ctrl+T 组合键添加变形框，然后按住 Ctrl 键调整角端的四个控制点，使其具有透视效果，并与包装盒的正面接合，结果如图 4-60 所示。

（11） 打开前面制作的"月饼包装盒盖正面.psd"文件，在【图层】面板中隐藏"背景"层图像，如图 4-61 所示。

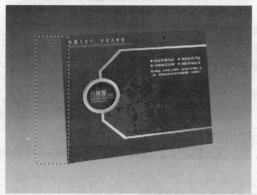

图 4-58　建立的选区

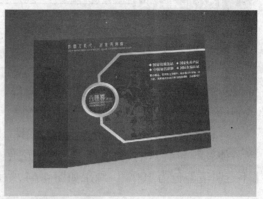

图 4-59　图像效果

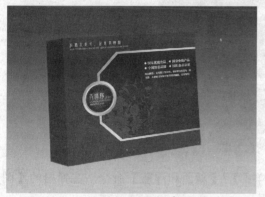

图 4-60　图像效果

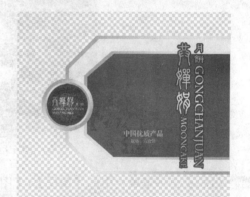

图 4-61　打开的文件

（12）　按下 Shift+Ctrl+E 组合键，合并可见图层，然后将图像拖动到"月饼包装效果图"图像窗口中，并调整至适当大小，结果如图 4-62 所示。

（13）　在【图层】面板中设置图像所在的"图层 3"的【不透明度】值为 50%，则图像效果如图 4-63 所示。

图 4-62　图像效果

图 4-63　图像效果

技术看板

　　图层最基本的属性有：混合模式、不透明度和填充。合理地运用会使工作事半功倍。不透明度用于控制图层的不透明程度，通常用于制作水印效果、拼接图像。在上面的步骤中，降低不透明度的目的是对比底层图像调整盒盖的大小与角度，调整完以后需要恢复不透明度的值。

　　（14）　按下 Ctrl+T 组合键添加变形框，按住 Ctrl 键的同时分别调整角端的 4 个控制点，使其与包装盒的透视一致，确认变换操作后，在【图层】面板中设置"图层 3"的【不透明度】值为 100%，结果如图 4-64 所示。

图 4-64　图像效果

　　（15）　单击菜单栏中的【图层】/【图层样式】/【斜面和浮雕】命令，在弹出的【图层样式】对话框中设置各项参数如图 4-65 所示。

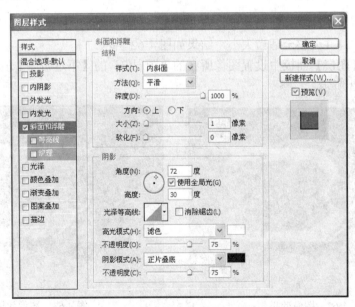

图 4-65　【图层样式】对话框

　　（16）　在对话框左侧选择【投影】选项，设置阴影颜色为黑色，设置其他各项参数如

图 4-66 所示。

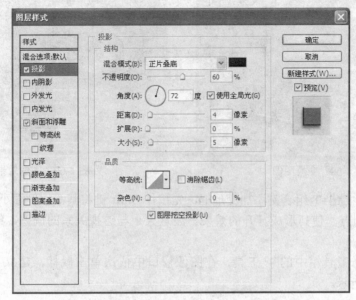

图 4-66　【图层样式】对话框

（17）　单击 [确定] 按钮，则图像效果如图 4-67 所示。

图 4-67　图像效果

下面再制做一个打开盒盖的效果。

（18）　将前面已经合并图层的"月饼包装正面.psd"拖动进来，按下 Ctrl+T 组合键添加变形框，按住 Shift 键的同时对其等比例缩小，再按住 Ctrl 键调整各个控制点，使其符合透视关系，结果如图 4-68 所示。

（19）　参照前面的方法，创建一个新图层"图层 5"，再使用 工具绘制一个深红色（CMYK：50、100、100、50）的矩形，按下 Ctrl+T 组合键添加变形框，按住 Ctrl 键调整各个控制点，使其与正面对齐，并符合透视关系，结果如图 4-69 所示。

（20）　打开前面制作的"月饼包装盒盖反面.psd"文件，隐藏"背景"层，按下 Shift+Ctrl+E 组合键合并可见图层，并将合并后的图像拖动到"月饼包装效果图"图像窗口中，则【图层】面板中自动生成"图层 6"。

图 4-68 变换图像

图 4-69 图像效果

（21） 按下 Ctrl+T 组合键添加变形框，先按住 Shift 键将其等比例缩小，再按住 Ctrl 键调整各个控制点，使其形成打开的效果。注意大小与透视关系的调整，结果如图 4-70 所示。

（22） 选择工具箱中的 工具，在图像窗口中依次单击鼠标，建立一个多边形选 区，如图 4-71 所示。

图 4-70 图像效果

图 4-71 建立的选区

（23） 在【图层】面板中创建一个新图层"图层 7"，将其调整到"图层 4"的下方。

（24） 设置前景色的 CMYK 值为（40、100、100、10），按下 Alt+Delete 组合键填充 前景色，再按下 Ctrl+D 组合键取消选区，则盒子产生了厚度感，效果如图 4-72 所示。

（25） 继续使用 工具在图像窗口中依次单击鼠标，建立一个多边形选区，结果如 图 4-73 所示。

（26） 在【图层】面板中创建一个新图层"图层 8"，将其调整到"图层 7"的下方。

（27） 设置前景色为淡黄色（CMYK：0、10、30、0），按下 Alt+Delete 组合键填充 前景色，再按下 Ctrl+D 组合键取消选区，则图像效果如图 4-74 所示。

（28） 选择工具箱中的 工具，在工具选项栏中设置【范围】为"高光"，【曝光 度】为 100%，在图像窗口中的淡黄色图像左上角单击鼠标，然后按住 Shift 键在右上角 单击鼠标，对图像进行加深处理，结果如图 4-75 所示。

图 4-72　图像效果

图 4-73　建立的选区

图 4-74　图像效果

图 4-75　图像效果

（29）　在【图层】面板中创建一个新图层"图层 9"，将该层调整到"图层 8"的下方，继续使用 工具建立一个多边形选区，并填充为深红色（CMYK：50、100、100、30），效果如图 4-76 所示。

（30）　在"图层 9"的下方创建一个新图层"图层 10"，继续使用 工具建立一个多边形选区，并填充为更深的红色（CMYK：58、100、100、52），结果如图 4-77 所示。

图 4-76　图像效果

图 4-77　图像效果

（31）　在"图层 10"的下方创建一个新图层"图层 11"，继续使用 工具建立一个多边形选区，并填充为红色（CMYK：0、100、100、20），制作出此面的厚度，结果如图 4-78 所示。

（32）　按下 Ctrl+D 组合键取消选区，再从整体上进行细化与处理，并添加阴影，最终效果如图 4-79 所示。

图 4-78　图像效果范区　　　　　　　　　　图 4-79　最终效果

4.2　糖果包装设计

糖果主要是面向儿童、青少年的一种小食品，多用于在节日里招待客人，尤其是孩子。糖果的包装也各式各样，有实惠的软件包装，也有透明的瓶装，还有豪华的金属盒包装。本例将设计并制作一款袋式糖果软包装。

4.2.1　效果展示

本例效果如图 4-80 所示。

图 4-80　糖果包装的展开图与效果图

4.2.2　基本构思

此包装为一款水果味的巧克力糖果包装，为了体现其特点，选用巧克力色作为主色调，由于此款糖果为水蜜桃味道，所以要加入水蜜桃元素，整个设计简单而不失丰富，非常典雅、自然。另外，本例中的大包装采用了半透明材质，即上端不透明逐渐过渡到下端透明，这样设计便于顾客观看到内部产品。

4.2.3　制作包装的展开图

（1）　单击菜单栏中的【文件】/【新建】命令，创建一个 32.6 cm×20.6 cm，分辨率为 150 px/in，名称为"糖果包装展开图"的新文件。

（2）　按下 Ctrl+R 组合键显示标尺，在 0.3 cm 和 32.3 cm 处创建两条垂直参考线，在 0.3 cm 和 20.3 cm 处创建两条水平参考线作为出血线，如图 4-81 所示。

（3）　继续在 8.8 cm、23.8 cm 处创建两条水平参考线，在 1.3 cm、8.8 cm、23.8 cm、31.3 cm 处创建四条垂直参考线作为折线，便于制作，如图 4-82 所示。

图 4-81　创建的参考线

图 4-82　创建的参考线

（4）　在【图层】面板中创建一个新图层"图层 1"，设置前景色的 CMYK 值为（45、85、100、15）。

（5）　选择工具箱中的▇工具，在工具选项栏中选择"线性渐变"类型，再选择"前景色到透明渐变"，然后按住 Shift 键在图像窗口中由上向下拖动鼠标填充渐变色，则图像效果如图 4-83 所示。

（6）　单击菜单栏中的【文件】/【置入】命令，将本书光盘"第 04 章"文件夹中的"糖果 logo.ai"文件置入图像窗口中，调整其大小和位置如图 4-84 所示。

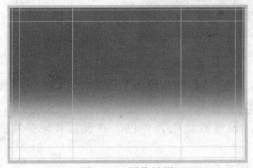
图 4-83　图像效果

图 4-84　置入的图形

（7）　单击菜单栏中的【图层】/【栅格化】/【智能对象】命令，将"糖果 logo"层转换为普通图层。

（8）　选择工具箱中的工具，在图像窗口中建立一个选区，选择"豆豆"两个字，如图 4-85 所示。

（9）　按下 Shift+Ctrl+J 组合键，将选区内的图像剪切到一个新图层"图层 2"中，并锁定其透明像素，如图 4-86 所示。

图 4-85　建立的选区

图 4-86　【图层】面板

PS 技术看板

　　【通过拷贝的图层】命令是将选区中的图像复制到新图层中，从图像中分离出所需要的部分，但原图像不受破坏，快捷键为 Ctrl+J 键。【通过剪切的图层】命令是将选区中的图像剪切下来，放到一个新图层中，快捷键为 Shift+Ctrl+J 键。这是 Photoshop 中两个非常重要的命令。

　　（10）　设置前景色为黄色（CMYK：0、0、100、0），按下 Alt+Delete 组合键填充前景色，则图像效果如图 4-87 所示。

图 4-87　图像效果

　　（11）　单击菜单栏中的【图层】/【图层样式】/【斜面和浮雕】命令，在弹出的【图层样式】对话框中设置各项参数如图 4-88 所示。

　　（12）　在对话框左侧选择【描边】选项，设置描边色为黑色，并设置其他参数如图 4-89 所示。

　　（13）　单击 确定 按钮，则图像效果如图 4-90 所示。

　　（14）　在【图层】面板中选择"糖果 logo"层为当前图层，并锁定其透明像素。

　　（15）　选择工具箱中的 工具，在图像窗口中建立一个选区，选择"佳品"两个字，如图 4-91 所示。

　　（16）　设置前景色为蓝色（CMYK：100、30、0、0），按下 Alt+Delete 组合键填充前景色，则图像效果如图 4-92 所示。

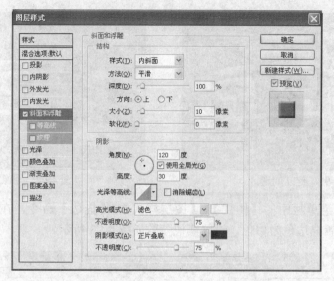

图 4-88 【图层样式】对话框

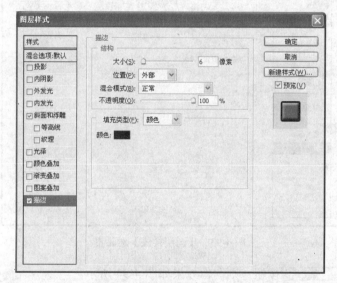

图 4-89 【图层样式】对话框

图 4-90 图像效果

图 4-91　建立的选区

图 4-92　图像效果

（17）　单击菜单栏中的【图层】/【图层样式】/【描边】命令，在弹出的【图层样式】对话框中设置描边色为白色，设置其他参数如图 4-93 所示。

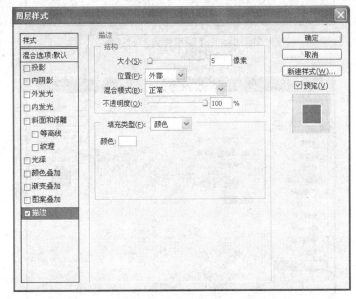
图 4-93　【图层样式】对话框

（18）　单击 ⎡ 确定 ⎤ 按钮，则图像效果如图 4-94 所示。

图 4-94　图像效果

（19）　在【图层】面板中创建一个新图层"图层 3"，将该层调整到"图层 1"的上方，如图 4-95 所示。

（20）　选择工具箱中的  工具，按住 Shift 键在图像窗口中建立多个圆形选区，效果如图 4-96 所示。

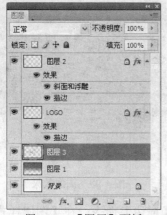

图 4-95　【图层】面板

图 4-96　建立的选区

（21）　设置前景色为深咖啡色（CMYK：50、85、100、30），按下 Alt+Delete 组合键填充前景色，再按下 Ctrl+D 组合键取消选区，则图像效果如图 4-97 所示。

图 4-97　图像效果

（22）　按下 Ctrl+A 组合键全选图像，选择工具箱中的 工具，在工具选项栏中分别单击 按钮和 按钮，使绘制的圆形对齐到图像窗口中心，然后按下 Ctrl+D 组合键取消选区。

PS 提示注意

　　【旋转扭曲】滤镜在扭曲图像时，是以画布中心或选区中心为基准的，所以为了得到理想的扭曲效果，在使用该滤镜之前先创建了选区，分别执行水平中心对齐、垂直中心对齐操作，目的是将图像置于画布的中心，便于下一步的旋转扭曲操作。

（23） 单击菜单栏中的【滤镜】/【扭曲】/【旋转扭曲】命令，在弹出的【旋转扭曲】对话框中设置选项如图 4-98 所示。

（24） 单击 确定 按钮，则图像效果如图 4-99 所示。

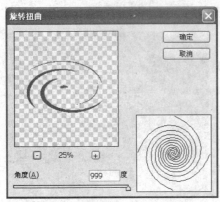

图 4-98 【旋转扭曲】对话框   图 4-99 图像效果

（25） 单击菜单栏中的【图层】/【图层样式】/【描边】命令，在【图层样式】对话框中设置描边色的 CMYK 值为（0、0、100、0），设置其他参数如图 4-100 所示。

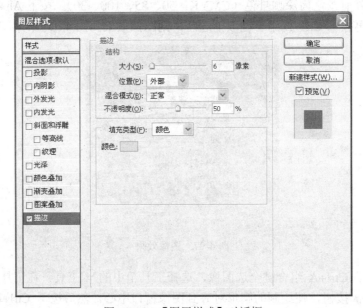

图 4-100 【图层样式】对话框

（26） 在对话框左侧选择【斜面和浮雕】选项，设置其他参数如图 4-101 所示。

（27） 单击 确定 按钮，为图像添加图层样式，并调整图像位置如图 4-102 所示。

（28） 选择工具箱中的 工具，在图像窗口中建立一个椭圆形选区，如图 4-103 所示。

（29） 在【图层】面板的最上方创建一个新图层"图层 4"，设置前景色为黄色（CMYK：0、0、100、0），按下 Alt+Delete 组合键填充前景色，再按下 Ctrl+D 组合键取消选区，则图像效果如图 4-104 所示。

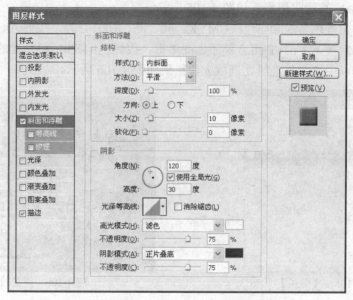

图 4-101　【图层样式】对话框

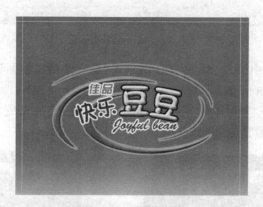

图 4-102　图像效果

图 4-103　建立的选区

图 4-104　图像效果

（30） 在【图层】面板中复制"图层 4"，得到"图层 4 副本"，将该层调整到"图层 4"的下方，并锁定其透明像素，如图 4-105 所示。

（31） 设置前景色为深咖啡色（CMYK：50、85、100、30），按下 Alt+Delete 组合键填充前景色。然后按下 Ctrl+T 组合键添加变形框，按住 Alt+Shift 组合键的同时拖动角端的控制点，将其以中心为基准等比例放大，结果如图 4-106 所示。

图 4-105 【图层】面板

图 4-106 图像效果

（32） 选择工具箱中的 T 工具，在工具选项栏中设置选项如图 4-107 所示。

图 4-107 文字工具选项栏

（33） 在图像窗口中输入文字"JIAPIN"，然后在【图层】面板中将文字图层调整到最上方，结果如图 4-108 所示。

（34） 将本书光盘"第 04 章"文件夹中的"桃子.ai"文件置入图像窗口中，并调整其大小和位置如图 4-109 所示。

图 4-108 输入的文字

图 4-109 置入的图形

（35） 选择工具箱中的 T 工具，在工具选项栏中设置选项如图 4-110 所示。

图 4-110 文字工具选项栏

（36）　在图像窗口中单击鼠标，输入文字"水蜜桃味"及其拼音，如图 4-111 所示。

（37）　单击文字工具选项栏中的 工 按钮，在弹出的【变形文字】对话框中设置选项如图 4-112 所示。

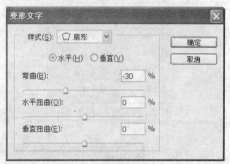

图 4-111　输入的文字　　　　　　　　　　图 4-112　【变形文字】对话框

技术看板

　　　变形文字功能可以使文字以对称或非对称的形态扭曲变形，从而得到艺术字效果。Photoshop 提供了 15 种形态的文字变形功能。

（38）　单击 确定 按钮，则文字产生了变形，使用 工具调整文字的位置，如图 4-113 所示。

（39）　继续使用 T 工具输入公司名称及其英文，如图 4-114 所示。

图 4-113　变形后的文字　　　　　　　　　　图 4-114　输入的文字

（40）　继续在图像窗口中输入文字"甜甜的梦，甜甜的生活"，并使其具有错落感觉，然后在【字符】面板中设置参数如图 4-115 所示，则文字效果如图 4-116 所示。

（41）　单击菜单栏中的【图层】/【图层样式】/【斜面和浮雕】命令，在弹出的【图层样式】对话框中设置各项参数如图 4-117 所示。

（42）　单击 确定 按钮，则文字效果如图 4-118 所示。

（43）　使用 T 工具继续输入其他相关文字，字体为"方正中等线简体"，大小为 10 点，然后调整好字距与行距，结果如图 4-119 所示。

图 4-115 【字符】面板

图 4-116 输入的文字

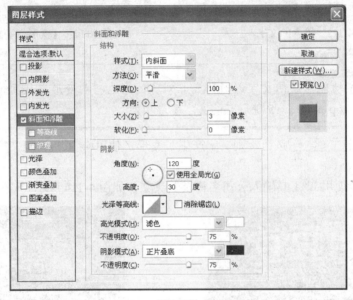

图 4-117 【图层样式】对话框

图 4-118 文字效果

图 4-119 输入的文字

（44） 选择工具箱中的 工具，在图像的下方建立一个矩形选区，如图 4-120 所示。

图 4-120　建立的选区

（45）在【图层】面板的最上方创建一个新图层"图层 5"，设置前景色的 CMYK 值为（50、85、100、50），按下 Alt+Delete 组合键填充前景色，再按下 Ctrl+D 组合键取消选区，则最终效果如图 4-121 所示。

图 4-121　平面展开图效果

4.2.4　制作小包装的展开图

有了大包装展开图的基础，小包装展开图的制作非常简单，建立文件后，将相关的图形与文字元素复制过来即可。

（1）单击菜单栏中的【文件】/【新建】命令，创建一个 11.6 cm×6.6 cm，分辨率为 300 px/in，名称为"小包装展开图"的新文件。

（2）按下 Ctrl+R 组合键显示标尺，在距离边缘 0.3 cm 处创建四条参考线作为出血线，在 3.3 cm、8.3 cm 处创建两条垂直参考线，在 0.8 cm、5.5 cm 处创建两条水平参考线作为折线，如图 4-122 所示。

（3）设置前景色的 CMYK 值为（50、85、100、20），按下 Alt+Delete 组合键填充前景色，则图像效果如图 4-123 所示。

（4）激活"糖果包装展开图"图像窗口，在【图层】面板中选择构成正面的所有图层，将其拖动到"小包装展开图"窗口中。

图 4-122　创建的参考线

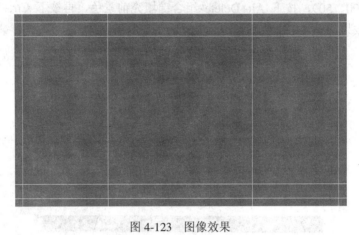

图 4-123　图像效果

（5）按下 Ctrl+T 组合键添加变形框，将其等比例缩小，并调整其位置如图 4-124 所示。

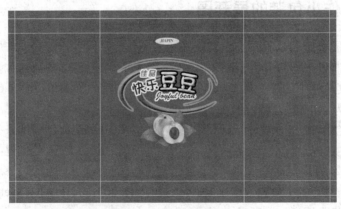

图 4-124　变换图像

（6）在【图层】面板中同时选择除 "JIAPIN" 层以外的所有文字图层，然后在【字符】面板中更改文字颜色为白色，效果如图 4-125 所示。

图 4-125　图像效果

4.2.5　效果图的制作

糖果包装的效果图表现主要分为三部分：即大包装的制作、小包装的制作、塑料质感的表现。由于本例属于软包装，所以要注意表现一些细节，如透明部分应该能看到内部商品、塑料袋特殊的反光效果等。

1.　制作大包装

（1）　单击菜单栏中的【文件】/【新建】命令，在弹出的【新建】对话框中设置选项如图 4-126 所示。

（2）　单击　　　确定　　　按钮，创建一个新文件。

（3）　选择工具箱中的　　工具，在工具选项栏中选择"径向渐变"类型，然后单击渐变预览条，在弹出的【渐变编辑器】窗口中设置渐变条下方左侧色标为白色，右侧色标为灰色（CMYK：0、0、0、30），如图 4-127 所示。

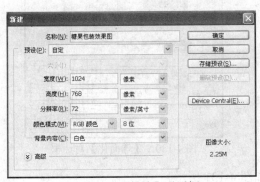

图 4-126　【新建】对话框

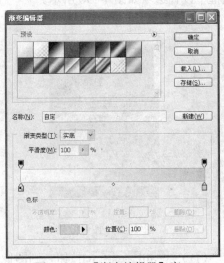

图 4-127　【渐变编辑器】窗口

（4） 单击 确定 按钮，在图像窗口中由中心向边缘拖动鼠标填充渐变色。

（5） 打开"糖果包装展开图.psd"文件，在【图层】面板中隐藏"背景"层。

（6） 选择工具箱中的 工具，在图像窗口中建立一个矩形选区，选择包装的正面，如图 4-128 所示。

图 4-128　建立的选区

（7） 按下 Shift+Ctrl+C 组合键，合并复制选区内的图像，然后激活"糖果包装效果图"图像窗口，按下 Ctrl+V 组合键，粘贴复制的图像，则【图层】面板中自动生成了"图层 1"。

（8） 按下 Ctrl+T 组合键添加变形框，然后按住 Shift 键将其等比例缩小，结果如图 4-129 所示。

（9） 按下 Ctrl+A 组合键全选图像，然后选择工具箱中的 工具，在工具选项栏中分别单击 按钮和 按钮，使其处于图像的中心位置。

（10） 单击菜单栏中的【滤镜】/【扭曲】/【球面化】命令，在弹出的【球面化】对话框中设置选项如图 4-130 所示。

图 4-129　图像效果

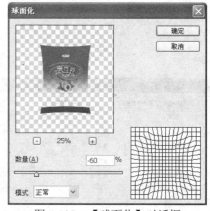

图 4-130　【球面化】对话框

（11） 单击 确定 按钮，则图像效果如图 4-131 所示。

（12） 选择工具箱中的 工具，在图像窗口中建立一个非常狭细的矩形选区，如图

4-132 所示。

图 4-131　图像效果

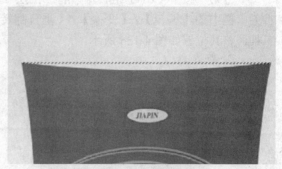

图 4-132　建立的选区

（13）　在【图层】面板中创建一个新图层"图层 2"，设置前景色为白色，按下 Alt+Delete 组合键填充前景色，然后按下 Ctrl+D 组合键取消选区，则图像效果如图 4-133 所示。

（14）　选择工具箱中的 工具，按住 Alt 键将直线图像垂直向下拖动三次，移动复制三个图像，结果如图 4-134 所示。

图 4-133　图像效果

图 4-134　移动复制图像

（15）　在【图层】面板中选择 4 个直线图层，按下 Ctrl+E 组合键合并图层为"图层 2"。

（16）　按下 Ctrl+F 组合键，重复执行上一次的【球面化】滤镜，结果如图 4-135 所示。

（17）　按下 Ctrl+T 组合键添加变形框，然后按住 Shift 键将直线图像等比例放大，调整其位置如图 4-136 所示。

图 4-135　图像效果

图 4-136　变换图像

（18） 在【图层】面板中设置"图层 2"的【不透明度】值为 30%，则图像效果如图 4-137 所示。

（19） 按下 Ctrl+J 组合键，将"图层 2"复制到一个新图层"图层 3"中，然后单击菜单栏中的【编辑】/【变换】/【垂直翻转】命令，改变复制图像的方向，再使用 工具调整其位置如图 4-138 所示。

图 4-137　图像效果

图 4-138　变换图像

（20） 选择工具箱中的 工具，在工具选项栏中设置选项如图 4-139 所示。

图 4-139　圆角矩形工具选项栏

（21） 在图像窗口中拖动鼠标，创建一个圆角矩形路径，如图 4-140 所示。

（22） 选择工具箱中的 工具，按住 Alt 键向左拖动路径，移动复制一个路径，如图 4-141 所示。

图 4-140　创建的路径

图 4-141　移动复制路径

（23） 确保复制的路径处于选择状态，在工具选项栏中按下 按钮，将路径设置为"从路径中减去"方式，如图 4-142 所示。

图 4-142　路径选择工具选项栏

（24） 在图像窗口中同时选择两个路径，单击 组合 按钮，将其组合为一体，结果如图 4-143 所示。

（25） 按下 Ctrl+Enter 组合键，将路径转换为选区。

（26）　按下 Shift+F6 组合键，在弹出的【羽化选区】对话框中设置【羽化半径】为 30 像素，对选区进行羽化处理。

（27）　在【图层】面板中创建一个新图层"图层 4"，按下 Alt+Delete 组合键填充前景色，则图像效果如图 4-144 所示。

图 4-143　组合后的路径

图 4-144　图像效果

（28）　在【路径】面板中重新显示工作路径，然后按下 Ctrl+Enter 组合键，将路径转换为选区。

（29）　按下 Shift+F6 组合键，将选区羽化，设置【羽化半径】为 10 像素，在【图层】面板中创建一个新图层"图层 5"，按下 Alt+Delete 组合键填充前景色，则图像效果如图 4-145 所示。

（30）　在【图层】面板中同时选择"图层 4"和"图层 5"，将其调整到"图层 1"的上方，然后按下 Alt+Ctrl+G 组合键，创建剪贴蒙版。

（31）　在【图层】面板中同时复制"图层 4"和"图层 5"，向右调整复制图像的位置如图 4-146 所示。

图 4-145　图像效果

图 4-146　调整复制图像的位置

（32）　单击菜单栏中的【编辑】/【变换】/【水平翻转】命令，将复制的图像水平翻转，结果如图 4-147 所示。

（33）　在【图层】面板中分别设置"图层 4 副本"和"图层 5 副本"的【不透明度】值为 50%，则图像效果如图 4-148 所示。

图 4-147　图像效果　　　　　　　　　图 4-148　图像效果

2.　制作小包装用整体效果处理

（1）　用同样的方法，制作出小包装的效果图，并将构成小包装的所有图层合并为一层，命名为"小包装"，效果如图 4-149 所示。

（2）　选择工具箱中的 ▢ 工具，按住 Shift 键在图像窗口中创建一个正方形路径，如图 4-150 所示。

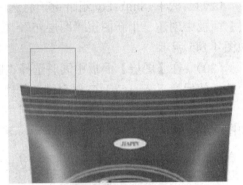

图 4-149　图像效果　　　　　　　　　图 4-150　创建的路径

（3）　按下 Ctrl+T 组合键添加变形框，将路径旋转 45º，结果如图 4-151 所示。

（4）　选择工具箱中的 ▶ 工具，按住 Alt+Shift 组合键的同时向右拖动路径多次，移动复制路径，结果如图 4-152 所示。

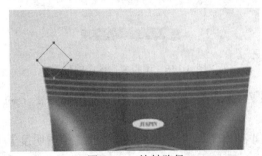
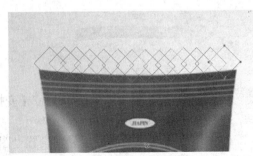

图 4-151　旋转路径　　　　　　　　　图 4-152　移动复制路径

（5）　按下 Ctrl+Enter 组合键，将路径转换为选区，结果如图 4-153 所示。

（6）　按下 Delete 键删除选区内的图像，再按下 Ctrl+D 组合键取消选区，则图像效果如图 4-154 所示。

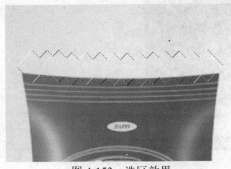
图 4-153　选区效果

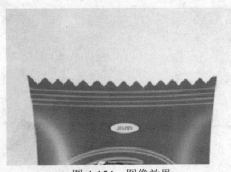
图 4-154　图像效果

（7）　用同样的方法，制作出小包装另一侧的锯齿，效果如图 4-155 所示。

图 4-155　图像效果

（8）　按下 Ctrl+T 组合键，将小包装等比缩小至适当大小，并略微旋转一定的角度，结果如图 4-156 所示。

图 4-156　图像效果

（9） 在【图层】面板中复制两次"小包装"图层，分别改变小包装图像的角度，结果如图 4-157 所示。

图 4-157　图像效果

（10） 打开本书光盘"第 04 章"文件夹中的"糖果.psd"文件，将其中的糖果图像拖动到"糖果包装效果图"图像窗口中，并将图像所在的图层拖动到"图层 1"的下方，适当调整其大小和位置，结果如图 4-158 所示。

图 4-158　图像效果

提示注意

　　为了节省操作步骤，在制作大包装透明部分的糖果时，我们直接调用了预处理的文件。其实在这里，读者完全可以通过复制若干小包装来填充大包装的透明部分。但是由于这是一些简单的重复性步骤，所以读者只须调入图片即可。

（11） 在【图层】面板中创建一个新图层"图层 6"，将其调整到"图层 3"的上方。

（12） 选择工具箱中的 工具，根据包装袋的外形建立一个选区，并填充为黑色，结果如图 4-159 所示。

图 4-159　图像效果

（13）　选择工具箱中的  工具，在工具选项栏中设置选项如图 4-160 所示。

图 4-160　画笔工具选项栏

（14）　在黑色图像上反复拖动鼠标，结果如图 4-161 所示。

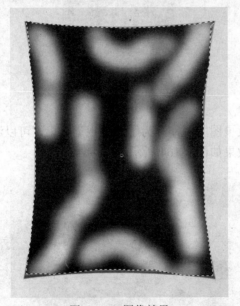

图 4-161　图像效果

（15）　单击菜单栏中的【滤镜】/【艺术效果】/【塑料包装】命令，在弹出的【塑料包装】对话框中设置选项如图 4-162 所示。

图 4-162 选项设置

（16） 单击 [确定] 按钮，然后在【图层】面板中设置"图层 6"的混合模式为"滤色"，设置【不透明度】值为 30%，则图像效果如图 4-163 所示。

图 4-163 图像效果

（17） 至此完成了效果图的制作，为了增强视觉效果，可以添加阴影，并复制一个大包装，合理摆放，最终效果如图 4-164 所示。

图 4-164 最终效果

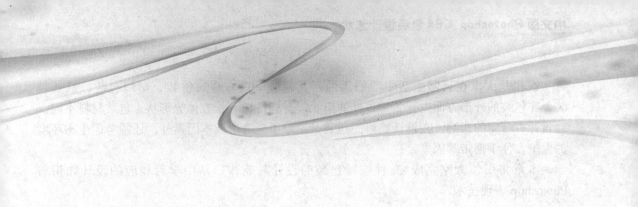

第 5 章

饮料包装设计与制作

　　饮料是大家在日常生活中很熟悉的，其包装一般有金属包装、塑料包装、纸质包装，在包装的外形方面也有各种各样的形状，有圆柱形、长方体等形状。包装材料不同，对设计有一定的影响，在设计饮料的包装时，除了要考虑成本因素外，还须考虑生态环境的保护、便于携带等因素。

　　本章将引领大家完成 3 种饮料包装的设计与制作，从中学习相应的设计知识与 Photoshop 表现技术。

5.1　易拉罐果汁包装设计

　　易拉罐是很常见一种包装形式，多用于盛装液体商品，如果汁、啤酒、可乐等。这种包装密封性好、利于保鲜，通常采用镀锡薄钢板、铝材和镀烙薄钢板等，具有安全、轻便、美观的特点。下面将设计并制作苹果可乐的易拉罐包装，学习如何在 Photoshop 中表现柱形包装物。

5.1.1　效果展示

　　本例效果如图 5-1 所示。

图 5-1　易拉罐果汁包装的平面图与效果图

5.1.2　基本构思

　　此款包装为苹果果汁饮料，采用易拉罐包装形式。为了使包装的画面更具可视性和号召力，以黄色到绿色的渐变色为主色调，并在画面中使用了精美的苹果图案，以诱人逼真的形象来增强产品的真实性和可信度，帮助顾客尽快了解包装内的产品属性和特征。整个画面对比鲜明、图文清晰，具有较强的视觉冲击力和货架竞争力。

5.1.3　制作包装的展开图

　　（1）单击菜单栏中的【文件】/【新建】命令，在弹出的【新建】对话框中设置选项如图 5-2 所示。然后单击　确定　按钮，创建一个新文件。

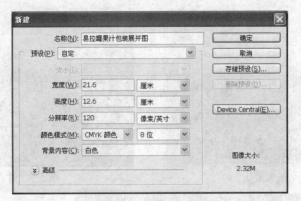

图 5-2　【新建】对话框

（2）　按下 Ctrl+R 组合键显示标尺，分别在距离边缘 0.3 cm 处创建 4 条参考线，作为出血线，再在图像窗口间的 10.8 cm 处创建一条垂直参考线。

（3）　选择工具箱中的 ▧ 工具，在工具选项栏中选择"线性渐变"类型，然后单击渐变预览条，在弹出的【渐变编辑器】窗口中设置渐变条下方三个色标的 CMYK 值分别为（100、0、100、40）、（100、0、100、0）和（0、0、100、0），如图 5-3 所示。

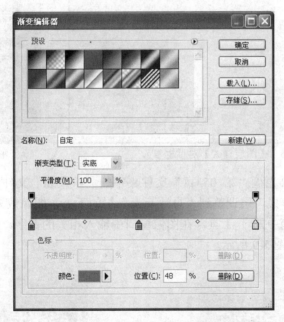

图 5-3　【渐变编辑器】窗口

（4）　单击 确定 按钮，在图像窗口中由下向上拖动鼠标，结果如图 5-4 所示。

（5）　单击菜单栏中的【文件】/【置入】命令，将本书光盘"第 05 章"文件夹中的"果汁 logo.ai"文件置入图像窗口中，并调整其大小和位置如图 5-5 所示。

（6）　单击菜单栏中的【图层】/【图层样式】/【描边】命令，在弹出的【图层样式】对话框中设置描边色为白色，设置其他参数如图 5-6 所示。

（7）　单击 确定 按钮，则图像效果如图 5-7 所示。

图 5-4　图像效果

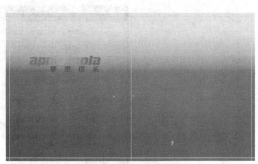

图 5-5　置入的图形

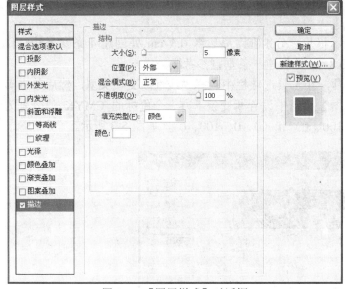

图 5-6　【图层样式】对话框

图 5-7　图像效果

（8）　继续将本书光盘"第 05 章"文件夹中的"苹果.ai"文件置入图像窗口中，在【图层】面板中将"苹果"层调整到"果汁 logo"层的下方，图像效果如图 5-8 所示。

（9）　选择工具箱中的 T 工具，在图像窗口中输入相关的文字，颜色为白色，并适当设置字体与大小，如图 5-9 所示。

图 5-8　图像效果

图 5-9　输入的文字

（10）　参照前面的方法，将本书光盘"第 05 章"文件夹中的"椰树.ai"文件置入图像窗口中，并调整其大小和位置如图 5-10 所示。

（11）　在【图层】面板中将"椰树"层调整到"背景"层的上方。

（12）　单击菜单栏中的【图层】/【栅格化】/【智能对象】命令，将"椰树"层转换为普通图层，然后在【图层】面板中锁定该层的透明像素。

（13）　设置前景色为绿色（CMYK：100、0、100、0），按下 Alt+Delete 组合键填充前景色，则图像效果如图 5-11 所示。

图 5-10　置入的图形

图 5-11　图像效果

（14）　在【图层】面板中选择除"背景"层以外的所有图层，按住 Alt 键的同时，使用 工具在图像窗口中向右拖动图像，将其移动复制一份，位置如图 5-12 所示。

（15）　在【图层】面板中选择"椰树副本"层为当前图层。

（16）　单击菜单栏中的【编辑】/【变换】/【水平翻转】命令，将复制的椰树图像水平翻转，则图像效果如图 5-13 所示。

图 5-12　移动复制图像

图 5-13　图像效果

（17）　选择工具箱中的 T 工具，在工具选项栏中设置文字颜色为暗绿色（CMYK：100、0、100、80），然后在图像的中间位置输入较小的文字，如图 5-14 所示。

（18）　打开本书光盘"第 05 章"文件夹中的"条形码.bmp"文件，使用 工具将图像拖动到当前图像窗口中，按下 Ctrl+T 组合键添加变形框，适当调整其大小和位置，如图 5-15 所示。

图 5-14 输入的文字

图 5-15 图像效果

（19） 使用 T 工具输入公司的中英文名称，适当设置字体与大小，图像最终效果如图 5-16 所示。

图 5-16 图像效果

5.1.4 效果图的制作

（1） 单击菜单栏中的【文件】/【新建】命令，在弹出的【新建】对话框中设置选项如图 5-17 所示。

（2） 单击 确定 按钮，创建一个新文件。

（3） 选择工具箱中的 工具，在工具选项栏中选择"黑，白渐变"，并选择"线性渐变"方式，在图像窗口中由上向下拖动鼠标填充渐变色，则图像效果如图 5-18 所示。

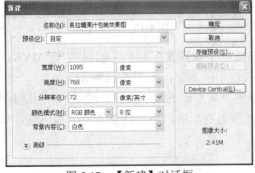

图 5-17 【新建】对话框

图 5-18 图像效果

（4）　打开前面制作的"易拉罐果汁包装展开图.psd"文件，使用▢工具在图像窗口中建立一个矩形选区，如图 5-19 所示。

图 5-19　建立的选区

（5）　按下 Shift+Ctrl+C 组合键，合并复制选区内的图像，然后激活"易拉罐果汁包装效果图"图像窗口，按下 Ctrl+V 组合键，粘贴复制的图像，则【图层】面板中自动生成"图层 1"。

（6）　按下 Ctrl+T 组合键添加变形框，拖动右侧中间的控制点，将其稍微变窄一些，结果如图 5-20 所示。

（7）　使用▢工具在图像窗口建立一个矩形选区，大小与位置如图 5-21 所示。

图 5-20　图像效果　　　　　　　　　　　　　　图 5-21　建立的选区

（8）　按下 Ctrl+T 组合键添加变形框，然后按住 Alt+Shift+Ctrl 组合键的同时向左拖动右上角的控制点，如图 5-22 所示，按下回车键确认变换操作。

（9）　使用▢工具在图像窗口的上方建立一个矩形选区，如图 5-23 所示。

图 5-22　透视变换　　　　　　　　　　　　　　图 5-23　建立的选区

（10） 在【图层】面板中创建一个新图层"图层2"。

（11） 选择工具箱中的 工具，在选区中由下向上拖动鼠标填充前面编辑的渐变色，再按下 Ctrl+D 组合键取消选区，则图像效果如图 5-24 所示。

（12） 单击菜单栏中的【滤镜】/【扭曲】/【挤压】命令，在弹出的【挤压】对话框中设置选项如图 5-25 所示。

图 5-24　图像效果

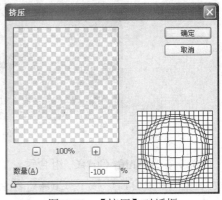

图 5-25　【挤压】对话框

（13） 单击 确定 按钮，则图像效果如图 5-26 所示。

（14） 选择工具箱中的 工具，将变形后的图像向下调整，与瓶体对齐。然后选择工具箱中的 工具，按住 Shift 键建立如图 5-27 所示的选区。

图 5-26　图像效果

图 5-27　建立的选区

（15） 按下 Delete 键删除选区内的图像，使两端呈圆弧状，结果如图 5-28 所示。

（16） 使用 工具在图像窗口中建立一个矩形选区，如图 5-29 所示。

图 5-28　图像效果

图 5-29　建立的选区

（17） 选择工具箱中的 工具，按住 Alt 键在图像窗口中拖动鼠标，对矩形选区的两端进行减选操作，结果如图 5-30 所示。

（18）. 在【图层】面板中创建一个新图层"图层3"。

（19）　选择工具箱中的　工具，在选区中由上向下拖动鼠标填充渐变色，再按下
Ctrl+D 组合键取消选区，则图像效果如图 5-31 所示。

图 5-30　选区形状　　　　　　　　　　　　图 5-31　图像效果

（20）　设置前景色为黑色，在渐变工具选项栏中选择"前景色到透明渐变"，然后由
选区的右侧向左拖动鼠标填充渐变色，则图像效果如图 5-32 所示。

（21）　在【图层】面板中选择"背景"层除外的所有图层，如图 5-33 所示，按下
Ctrl+E 组合键将其合并为"图层 3"。

图 5-32　图像效果　　　　　　　　　　　　图 5-33　【图层】面板

（22）　选择工具箱中的　工具，在工具选项栏中设置【羽化】值为 50 px，在图像窗
口中拖动鼠标，建立一个选区，如图 5-34 所示。

（23）　在【调整】面板中单击　按钮，则【图层】面板中产生了"亮度/对比度 1"
层，在【调整】面板中设置选项如图 5-35 所示。

图 5-34　建立的选区　　　　　　　　　　　图 5-35　【调整】面板

（24）　按下 Alt+Ctrl+G 组合键，创建剪贴蒙版，则图像效果如图 5-36 所示。

（25）　在【图层】面板中复制"亮度/对比度 1"层，得到"亮度/对比度 1 副本"

层，在【调整】面板中修改参数如图 5-37 所示。

图 5-36　图像效果

图 5-37　【调整】面板

提示注意

调整图层可以在不破坏图像的前提下完成对图像进行的调整，是 Photoshop 的一项重要功能。复制调整图层并将其移动位置，可以快速地改变调整的位置。

（26）　在图像窗口中将"亮度/对比度 1 副本"层的调整位置向左侧移动，制作出高光效果，结果如图 5-38 所示。

（27）　在【图层】面板中选择"图层 3"为当前图层。选择工具箱中的▨工具，在工具选项栏中设置【羽化】值为 10 px，然后在图像窗口中拖动鼠标，建立一个选区，如图 5-39 所示。

图 5-38　图像效果

图 5-39　建立的选区

（28）　在【调整】面板中单击❋按钮，则【图层】面板中产生了"亮度/对比度 2"层，在【调整】面板中设置选项如图 5-40 所示，进一步强化高光，则图像效果如图 5-41 所示。

（29）　在【图层】面板中复制"亮度/对比度 2"层，得到"亮度/对比度 2 副本"层，使用▸✛工具向左侧移动调整图层，制作出瓶体边缘的反光，效果如图 5-42 所示。

（30）　在【图层】面板中再复制"亮度/对比度 2"层，将复制的调整图层向右侧移动，制作右边缘的反光，效果如图 5-43 所示。

图 5-40　【调整】面板

图 5-41　图像效果

图 5-42　反光效果

图 5-43　制作右边缘的反光

（31）　选择工具箱中的 工具，在图像窗口中依次单击鼠标，建立一个多边形选区，如图 5-44 所示。

（32）　在"图层 3"的上方创建一个新图层"图层 4"，设置前景色为白色，按下 Alt+Delete 组合键填充前景色，再按下 Ctrl+D 组合键取消选区，则图像效果如图 5-45 所示。

图 5-44　建立的选区

图 5-45　图像效果

（33）　单击菜单栏中的【滤镜】/【模糊】/【动感模糊】命令，在弹出的【动感模糊】对话框中设置选项如图 5-46 所示。

（34）　单击 确定 按钮，则图像产生模糊效果，在【图层】面板中设置"图层4"的【不透明度】值为 50%，则图像效果如图 5-47 所示。

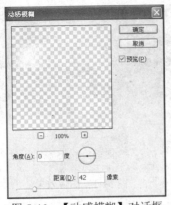

图 5-46 【动感模糊】对话框

图 5-47 图像效果

（35） 使用 工具在图像窗口中建立一个选区，如图 5-48 所示。

（36） 按下 Shift+F6 组合键，在弹出的【羽化选区】对话框中设置【羽化半径】为 3 像素，对选区进行羽化处理。

（37） 在"图层 4"的上方创建一个新图层"图层 5"，按下 Alt+Delete 组合键填充前景色，再按下 Ctrl+D 组合键取消选区，在【图层】面板中设置该层的【不透明度】值为 80%，则图像效果如图 5-49 所示。

图 5-48 建立的选区

图 5-49 图像效果

（38） 在【图层】面板中隐藏"背景"层图像，使用 工具在图像窗口中建立一个矩形选区，如图 5-50 所示。

（39） 按下 Shift+Ctrl+C 组合键，合并复制选区内的图像，再按下 Ctrl+V 组合键粘贴复制的图像，在【图层】面板中将图像所在的"图层 6"调整到"背景"层的上方。

技术看板

在 Photoshop 中，拷贝与合并拷贝是有区别的。拷贝只对当前图层有效，快捷键是 Ctrl+C；合并拷贝对所有的可见图层有效，也就是说选区内所有可见的图像均被复制，不管它在哪一层中，其快捷键为 Shift+Ctrl+C。

（40） 单击菜单栏中的【编辑】/【变换】/【垂直翻转】命令，将复制的图像垂直翻转，调整其位置如图 5-51 所示。

图 5-50   建立的选区   图 5-51   垂直翻转

（41）   在【图层】面板中显示"背景"层图像，然后单击 按钮，为"图层 6"添加图层蒙版。

（42）   选择工具箱中的工具，在工具选项栏中选择"黑，白渐变"，在图像窗口中由下向上拖动鼠标，编辑蒙版，则图像效果如图 5-52 所示。

提示注意

制作易拉罐的倒影时，可以复制易拉罐的一部分，也可以复制整个易拉罐，只要满足制作要求即可。另外为了使效果更加逼真，可以对倒影图像应用【高斯模糊】滤镜，但模糊值要小一些。

（43）   在【图层】面板中选择"背景"层除外的所有图层，如图 5-53 所示，按下 Ctrl+G 组合键，将图层群组为"组 1"，如图 5-54 所示。

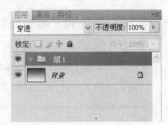

图 5-52   图像效果   图 5-53   【图层】面板   图 5-54   【图层】面板

（44）   在【图层】面板中复制"组 1"，得到"组 1 副本"，使用工具调整复制图像的位置如图 5-55 所示。

（45）   按下 Ctrl+T 组合键添加变形框，适当调整图像的大小和位置，如图 5-56 所示。

图 5-55 调整复制图像的位置

图 5-56 变换图像

（46） 用同样的方法，复制出第 3 个易拉罐，并从整体上做细化处理，如添加底部阴影、背景调色等，最终效果如图 5-57 所示。

图 5-57 图像效果

5.2 牛奶包装设计

随着经济的发展与社会的进步，各种品牌的奶制品进入了我们的生活，如纯牛奶、高钙奶、酸奶、果味奶等。为了追求利益，越来越多的厂家投入到奶制品行业的竞争之中，如何让自己的产品脱颖而出，厂家除了追求产品质量以外，在包装上也大做文章。这一节我们将为一种新产品"核桃牛奶"设计外包装。

5.2.1 效果展示

本例效果如图 5-58 所示。

图 5-58　牛奶包装的平面展开图与效果图

5.2.2　基本构思

牛奶的包装整体上可分为瓶装、袋装、盒装等，本例采用盒装设计，造型上为手提式纸盒结构。颜色以奶白色与草黄色为主，靠近牛奶与核桃的颜色，容易让人产生联想。图案则采用精美的倾倒牛奶的图片，非常直观地让顾客了解产品，产生食欲，主题文字"核桃牛奶"也做了特效处理，使之具有牛奶的质感，与整个画面融为一体。

5.2.3　制作包装的展开图

（1）　打开本书光盘"第 05 章"文件夹中的"牛奶包装盒型.psd"文件，将其另存为"牛奶包装展开图.psd"文件。

（2）　按下 Ctrl+R 组合键显示标尺，然后沿包装盒的折线位置创建参考线，以便于制作，如图 5-59 所示。

（3）　选择工具箱中的 工具，在图像窗口中沿虚线创建一条不闭合的折线路径，如图 5-60 所示。

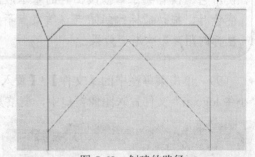

图 5-59　创建的参考线　　　　　　　　　　　图 5-60　创建的路径

（4）　在【图层】面板中创建一个新图层"图层 2"。选择工具箱中的 工具，在工具选项栏中设置选项如图 5-61 所示。

图 5-61　画笔工具选项栏

（5）　设置前景色为红色（CMYK：0、100、100、0），在【路径】面板中单击 ⬜ 按钮，用画笔描边路径，则图像效果如图 5-62 所示。

（6）　在【图层】面板中选择"图层 1"为当前图层，并锁定该层的透明像素。

（7）　选择工具箱中的 ⬛ 工具，在工具选项栏中选择"线性渐变"类型，然后单击渐变预览条，在弹出的【渐变编辑器】窗口中设置渐变条下方两个色标的 CMYK 值分别为（0、25、100、50）和（0、0、100、0），如图 5-63 所示。

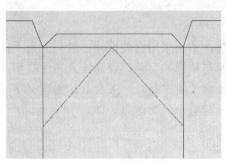

图 5-62　图像效果

图 5-63　【渐变编辑器】窗口

（8）　单击 确定 按钮，然后在图像窗口中由上向下拖动鼠标填充渐变色，则图像效果如图 5-64 所示。

提示注意

　　渐变工具是 Photoshop 中最重要的填充工具，几乎做任何的平面设计都需要使用它。读者除了掌握该工具的基本应用以外，还要注意一个问题，即在填充渐变色时，拖动鼠标的起始点与结束点不同，填充效果也不一样。换句话说，拖动鼠标的距离影响渐变效果。

（9）　单击菜单栏中的【文件】/【置入】命令，将本书光盘"第 05 章"文件夹中的"小牛 logo.ai"文件置入图像窗口中，调整其大小和位置如图 5-65 所示。

图 5-64　图像效果

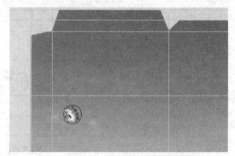

图 5-65　置入的图形

（10）　单击菜单栏中的【图层】/【图层样式】/【描边】命令，在弹出的【图层样式】对话框中设置描边色为白色，设置其他参数如图 5-66 所示。

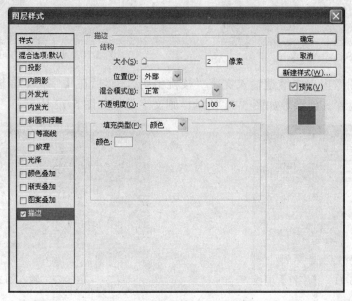

图 5-66　【图层样式】对话框

（11）　单击 ⬚确定⬚ 按钮，则图像效果如图 5-67 所示。

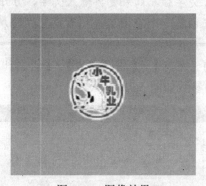

图 5-67　图像效果

（12）　设置前景色为黑色，选择工具箱中的 T 工具，在工具选项栏中设置选项，如图 5-68 所示。

图 5-68　文字工具选项栏

（13）　在图像窗口中单击鼠标，输入相关的文字，结果如图 5-69 所示。

（14）　在文字上拖动鼠标选择上面一行汉字，按住 Alt 键的同时连续按下方向键 → 多次，调整文字的间距，结果如图 5-70 所示。

图 5-69　输入的文字　　　　　　　　　　图 5-70　调整文字的间距

（15）　在图像窗口中继续输入文字"核桃牛奶"，然后在【字符】面板中设置文字颜色为白色，并设置其他参数如图 5-71 所示，则文字效果如图 5-72 所示。

图 5-71　【字符】面板　　　　　　　　　图 5-72　输入的文字

教你一招

　　在 Photoshop 中输入文字后，如果要再输入文字，方法如下：一是输入文字后再设置字符属性；二是先创建一个空图层，然后设置字符属性，最后输入文字。

（16）　单击菜单栏中的【图层】/【图层样式】/【斜面和浮雕】命令，在弹出的【图层样式】对话框中设置各项参数如图 5-73 所示。

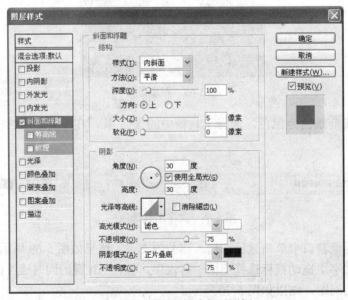

图 5-73　【图层样式】对话框

（17）　在对话框左侧选择【描边】选项，设置描边色的 CMYK 值为（0、60、100、50），设置其他参数如图 5-74 所示。

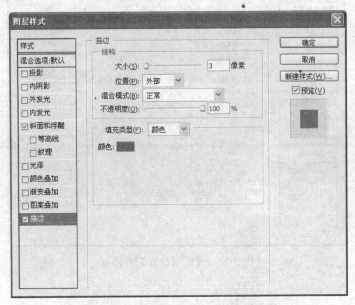

图 5-74　【图层样式】对话框

（18）　单击 确定 按钮，则文字效果如图 5-75 所示。

（19）　选择工具箱中的 T 工具，在图像窗口中输入大写英文"WALNUT MILK"，然后在【字符】面板中设置文字颜色为黑色，并设置其他参数如图 5-76 所示，则文字效果如图 5-77 所示。

图 5-75　文字效果

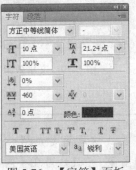

图 5-76　【字符】面板

图 5-77　文字效果

（20）　单击菜单栏中的【图层】/【图层样式】/【描边】命令，在弹出的【图层样式】对话框中设置描边色为白色，设置其他参数如图 5-78 所示。

（21）　单击 确定 按钮，则文字效果如图 5-79 所示。

（22）　打开本书光盘"第 05 章"文件夹中的"牛奶.jpg"文件，使用 工具将图像拖动到"牛奶包装展开图"图像窗口中，按下 Ctrl+T 组合键添加变形框，将图像等比例缩小，并调整至合适的位置。

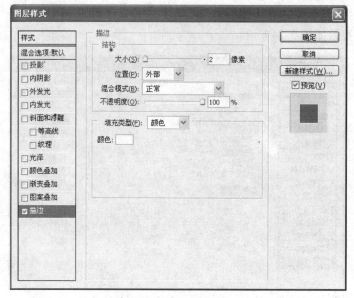

图 5-78 【图层样式】对话框

图 5-79 文字效果

技尤看板

　　前面反复使用过移动工具，这里简要介绍一下其用法。移动工具的作用是移动选区中的图像或图层中的图像。（1）当在不同的图像之间移动图像时，是复制操作；（2）按住 Alt 键的同时移动图像，也将复制图像；（3）按住 Shift 键的同时移动图像，可以限制移动操作沿垂直、水平或 45° 方向进行。

　　（23）　在【图层】面板中将图像所在的"图层 3"调整到"图层 1"的上方，按下 Alt+Ctrl+G 组合键，创建剪贴蒙版，则图像效果如图 5-80 所示。

　　（24）　在【图层】面板中单击 按钮，为"图层 3"添加图层蒙版。

　　（25）　选择工具箱中的 工具，在工具选项栏中选择"黑，白渐变"，并选择"线性渐变"类型，然后在图像窗口中由上向下拖动鼠标，编辑蒙版，则图像效果如图 5-81 所示。

图 5-80　图像效果

图 5-81　图像效果

（26）将本书光盘"第 05 章"文件夹中的"凤纹.ai"文件置入图像窗口中，调整其大小和位置如图 5-82 所示。

（27）在【图层】面板中将"凤纹"层调整到"图层 3"的下方，并设置该层的【不透明度】值为 20%，则图像效果如图 5-83 所示。

图 5-82　置入的图形

图 5-83　图像效果

（28）在【图层】面板中选择"图层 3"为当前图层，使用 T 工具在图像窗口中输入如图 5-84 所示的文字，并适当调整文字间距。

（29）在【图层】面板中复制"小牛 logo"层，得到"小牛 logo 副本"层，调整其位置如图 5-85 所示。

图 5-84　输入的文字

图 5-85　调整复制图像的位置

（30） 设置前景色为白色，选择工具箱中的 T.工具，在工具选项栏中设置选项如图 5-86 所示。

图 5-86　文字工具选项栏

（31） 在图像窗口中输入文字"小牛乳业"，结果如图 5-87 所示。

（32） 在【图层】面板中复制"小牛 logo"层，然后使用 工具调整复制图像的位置如图 5-88 所示。

图 5-87　输入的文字

图 5-88　调整复制图像的位置

（33） 在【图层】面板中同时复制"核桃牛奶"层和"WALNUT MILK"层，按下 Ctrl+T 组合键添加变形框，然后按住 Shift 键将复制的图像等比例缩小，并调整其位置如图 5-89 所示。

（34） 设置前景色为白色，选择工具箱中的 工具，在工具选项栏中设置绘制方式为"形状图层"，【半径】为 20 px，在图像窗口中拖动鼠标，绘制一个圆角矩形，则【图层】面板中自动生成了"形状 1"层，设置该层的【不透明度】值为 70%，则图像效果如图 5-90 所示。

图 5-89　变换复制的图像

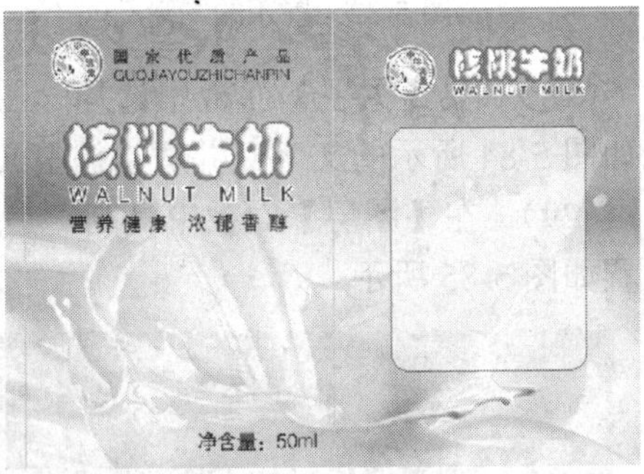

图 5-90　图像效果

（35） 设置前景色为黑色，继续使用 T.工具输入配料等文字信息。注意字体、大小、字距与行距的设置，效果如图 5-91 所示。

（36） 选择工具箱中的 工具，在图像窗口中建立一个矩形选区，如图 5-92 所示。

（37） 按下 Shift+Ctrl+C 组合键，合并复制选区内的图像，再按下 Ctrl+V 组合键，粘贴复制的图像并调整至右侧，至此完成了展开图的制作，最终效果如图 5-93 所示。

图 5-91　输入的文字

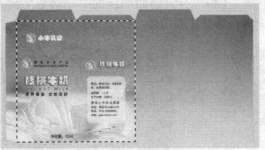

图 5-92　建立的选区

图 5-93　最终效果

5.2.4　效果图的制作

本例中的牛奶包装盒并不是一个标准的立方体结构，而是在顶部采用了倾斜封口方式，类似于手提式包装结构，所以在表现包装效果时，要注意表现提手部分的制作。

（1）单击菜单栏中的【文件】/【新建】命令，在弹出的【新建】对话框中设置选项如图 5-94 所示。

（2）单击 确定 按钮，创建一个新文件。

（3）选择工具箱中的 工具，在工具选项栏中选择"黑，白渐变"，并选择"线性渐变"类型，然后在图像窗口中由上向下拖动鼠标填充渐变色，则图像效果如图 5-95 所示。

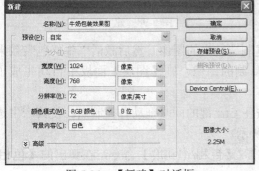

图 5-94　【新建】对话框

图 5-95　图像效果

（4） 打开前面制作的"牛奶包装展开图.psd"文件，使用 ▢ 工具建立一个矩形选区，选择正面图像，如图 5-96 所示。

图 5-96　建立的选区

（5） 按下 Shift+Ctrl+C 组合键，合并复制选区内的图像。然后激活"牛奶包装效果图"图像窗口，按下 Ctrl+V 组合键，粘贴复制的图像，则【图层】面板中自动生成了"图层 1"。

（6） 按下 Ctrl+T 组合键添加变形框，按住 Ctrl 键的同时拖动各控制点，调整图像的形状如图 5-97 所示，然后按下回车键确认变换操作。

（7） 激活"牛奶包装展开图"图像窗口，使用 ▢ 工具建立一个矩形选区，选择侧面图像，如图 5-98 所示。

图 5-97　变换图像

图 5-98　建立的选区

（8） 按下 Shift+Ctrl+C 组合键，合并复制选区内的图像，然后激活"牛奶包装效果图"图像窗口，按下 Ctrl+V 组合键，粘贴复制的图像，则【图层】面板中自动生成了"图层 2"。

（9） 按下 Ctrl+T 组合键添加变形框，按住 Ctrl 键的同时拖动各控制点，使其产生透视变形，并对齐到正面图像，结果如图 5-99 所示。

（10） 单击菜单栏中的【图像】/【调整】/【色相/饱和度】命令，在弹出的【色相/饱和度】对话框中设置选项如图 5-100 所示。

（11）　单击 确定 按钮，降低图像明度，增加立体效果，如图 5-101 所示。

（12）　激活"牛奶包装展开图"图像窗口，使用 工具建立一个矩形选区，选择顶面图像，如图 5-102 所示。

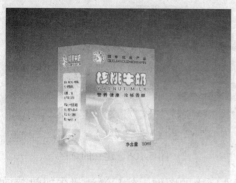

图 5-99　图像效果

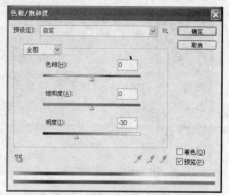

图 5-100　【色相/饱和度】对话框

图 5-101　图像效果

图 5-102　建立的选区

（13）　按下 Shift+Ctrl+C 组合键，合并复制选区内的图像，然后激活"牛奶包装效果图"图像窗口，按下 Ctrl+V 组合键粘贴复制的图像，则【图层】面板中自动生成了"图层 3"。

（14）　按下 Ctrl+T 组合键添加变形框，按住 Ctrl 键的同时移动各控制点，使其产生透视效果，并与正面对齐，结果如图 5-103 所示。

（15）　单击菜单栏中的【图像】/【调整】/【色相/饱和度】命令，在弹出的【色相/饱和度】对话框中设置选项如图 5-104 所示。

图 5-103　图像效果

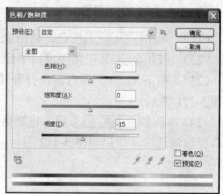

图 5-104　【色相/饱和度】对话框

（16）　单击 确定 按钮，则图像效果如图 5-105 所示。

（17）　激活"牛奶包装展开图"图像窗口，使用 工具建立一个三角形选区，选择顶盖的侧面，如图 5-106 所示。

图 5-105　图像效果

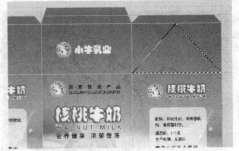

图 5-106　建立的选区

（18）　按下 Shift+Ctrl+C 组合键，合并复制选区内的图像，然后激活"牛奶包装效果图"图像窗口，按下 Ctrl+V 组合键，粘贴复制的图像，则【图层】面板中自动生成了"图层 4"。

（19）　按下 Ctrl+T 组合键添加变形框，按住 Ctrl 键的同时分别调整各个控制点，使其与侧面、顶面对齐，结果如图 5-107 所示。

（20）　单击菜单栏中的【图像】/【调整】/【色相/饱和度】命令，在弹出的【色相/饱和度】对话框中设置选项如图 5-108 所示。

图 5-107　图像效果

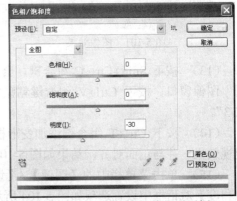

图 5-108　【色相/饱和度】对话框

（21）　单击 确定 按钮，则图像效果如图 5-109 所示。

（22）　使用 工具在图像窗口中建立一个三角形选区，如图 5-110 所示。

（23）　按下 Ctrl+U 组合键，打开【色相/饱和度】对话框，在该对话框中设置选项，如图 5-111 所示。

（24）　单击 确定 按钮，将选区内的图像进一步调暗，制作出折痕，按下 Ctrl+D 组合键取消选区，效果如图 5-112 所示。

图 5-109　图像效果

图 5-110　建立的选区

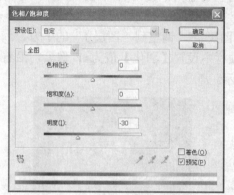

图 5-111　【色相/饱和度】对话框

图 5-112　图像效果

（25）　继续使用 工具在图像窗口中建立一个多边形选区，如图 5-113 所示。

（26）　在【图层】面板中创建一个新图层"图层 5"，设置前景色的 CMYK 值为
（0、25、100、50），按下 Alt+Delete 组合键填充前景色，再按下 Ctrl+D 组合键取消选
区，则图像效果如图 5-114 所示。

图 5-113　建立的选区

图 5-114　图像效果

（27）　继续使用 工具沿着包装盒的棱角建立一个选区，如图 5-115 所示。

（28）　在【图层】面板中创建一个新图层"图层 6"，设置前景色为白色，按下
Alt+Delete 组合键填充前景色，再按下 Ctrl+D 组合键取消选区，在【图层】面板中设置
该层的【不透明度】值为 50%，则图像效果如图 5-116 所示。

图 5-115　建立的选区

图 5-116　图像效果

（29）　使用同样方法，在"图层 6"上画出包装盒其他棱角的高光，如图 5-117 所示。

（30）　在【图层】面板中创建一个新图层"图层7"，调整到"图层1"的下方。

（31）　选择工具箱中的 工具，在工具选项栏中设置【羽化】值为 1 像素，沿着包装盒的底部建立一个三角形选区，如图 5-118 所示。

图 5-117　图像效果

图 5-118　建立的选区

（32）　设置前景色为黑色，按下 Alt+Delete 组合键填充前景色，再按下 Ctrl+D 组合键取消选区，效果如图 5-119 所示。

（33）　至此完成了效果图的制作，为了增强逼真效果，可以参照前面的方法制作出倒影，如图 5-120 所示。

图 5-119　图像效果

图 5-120　倒影效果

（34）　在【图层】面板中选择除"背景"层以外的所有图层，将其复制一份并按下

Ctrl+E 组合键合并图层，命名为"盒子"，再复制"盒子"层，得到"盒子 副本"层。

（35） 在图像窗口中调整复制的盒子位置与大小，并根据透视关系适当缩小，最终效果如图 5-121 所示。

图 5-121　最终效果

5.3　冰淇淋包装设计

冰淇淋是防暑降温的最佳休闲食品，包装是冰淇淋美丽的外衣，近年来各商家在激烈的市场竞争中，除了强化个性品牌之外，越来越重视包装的促销作用，包装能否得到消费者的青睐，将在某种程度上决定竞争的成败。冰淇淋蛋筒是比较常见的一种包装形式，深受儿童与女性消费者的喜欢，本节将学习该包装形式的设计与制作。

5.3.1　效果展示

本例效果如图 5-122 所示。

图 5-122　冰淇淋包装的展开图与效果图

5.3.2　基本构思

　　该款冰淇淋产品的特点是"三合一"口味，即由三种主要原料组成：牛奶、巧克力、草莓，所以在设计包装时力求表现出这一特点。本例以咖啡色为主色调，再搭配动感的原料图案，既具有现代气息，又给消费者以无法抵挡的诱惑，似乎让人品尝到了浓郁的奶香巧克力味道，中间夹杂着淡淡的草莓香。

5.3.3　制作包装的展开图

　　冰淇淋包装的展开图是一个扇形，左侧为一个矩形粘口，本书光盘提供了其结构图与尺寸，读者可以直接打开，在此基础上进行制作。

　　（1）　打开本书光盘"第 05 章"文件夹中的"冰淇淋结构图.jpg"文件，将其另存为"冰淇淋包装展开图.psd"文件。

　　（2）　选择工具箱中的🖋️工具，在图像窗口中沿包装的结构图创建一个封闭路径，如图 5-123 所示。

　　（3）　按下 Ctrl+Enter 组合键，将路径转换为选区，如图 5-124 所示。

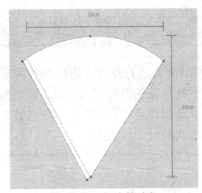

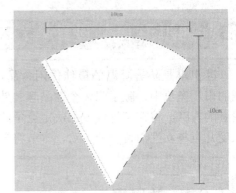

图 5-123　创建的路径　　　　　　　　　　图 5-124　将路径转换为选区

提示注意

　　在使用钢笔工具🖋️创建路径时，单击鼠标是创建直线路径，拖动鼠标是创建曲线路径。对于扇形的圆弧部分，弧中间锚点是通过拖动鼠标创建的。如果读者不能一次完成，可以使用转换点工具⊼与直接选择工具⊾进行调整，从而得到标准形态的路径。

　　（4）　在【图层】面板中创建一个新图层"图层 1"，设置前景色为咖啡色（CMYK：50、80、100、30），按下 Alt+Delete 组合键填充前景色，再按下 Ctrl+D 组合键取消选区，则图像效果如图 5-125 所示。

　　（5）　在【图层】面板中设置"图层 1"的【不透明度】值为 50%，以便于观察底层的结构图，然后使用🖋️工具创建一条直线路径，如图 5-126 所示。

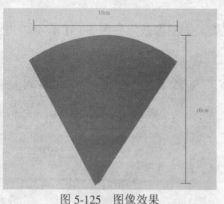

图 5-125　图像效果

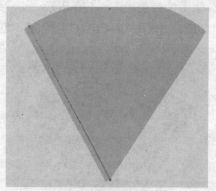

图 5-126　创建的路径

（6）在【图层】面板中将"图层 1"的【不透明度】值修改为 100%，并创建一个新图层"图层 2"。

（7）设置前景色为红色（CMYK：0、100、100、0），选择工具箱中的 ✎ 工具，在工具选项栏中设置选项如图 5-127 所示。

图 5-127　画笔工具选项栏

（8）在【路径】面板中单击下方的 ⚪ 按钮，用前景色描绘路径，效果如图 5-128 所示。

（9）在【图层】面板中创建一个新图层"图层 3"，并将该层调整到"图层 2"的下方。

（10）选择工具箱中的 ✎ 工具，单击工具选项栏右侧的 ▤ 按钮，在打开的【画笔】面板中设置选项如图 5-129 所示。

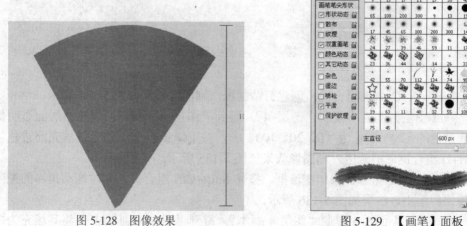

图 5-128　图像效果

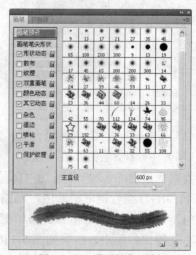

图 5-129　【画笔】面板

（11）设置前景色为橘黄色（CMYK：0、30、100、0），在图像窗口中多次单击鼠标，则图像效果如图 5-130 所示。

（12） 按下 Alt+Ctrl+G 组合键，创建剪贴蒙版，则图像效果如图 5-131 所示。

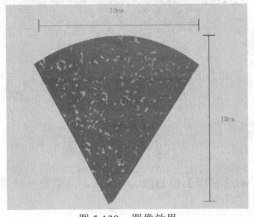
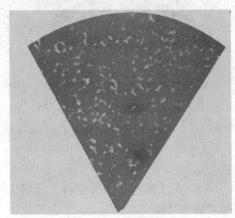

图 5-130　图像效果　　　　　　　　　　　图 5-131　图像效果

（13） 选择工具箱中的 工具，在图像窗口中建立一个椭圆形选区，如图 5-132 所示。

（14） 在"图层 3"的上方创建一个新图层"图层 4"，设置前景色的 CMYK 值为（0、54、90、50），按下 Alt+Delete 组合键填充前景色，再按下 Ctrl+D 组合键取消选区，则图像效果如图 5-133 所示。

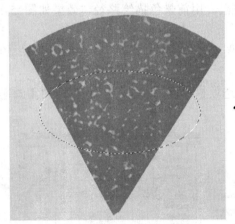
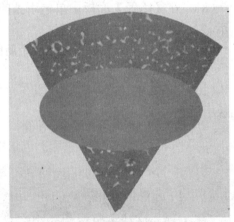

图 5-132　建立的选区　　　　　　　　　　图 5-133　图像效果

（15） 按下 Alt+Ctrl+G 组合键，创建剪贴蒙版，则图像效果如图 5-134 所示。

（16） 在【图层】面板中复制"图层 4"，得到"图层 4 副本"，锁定该层的透明像素，设置前景色的 CMYK 值为（0、20、100、0），按下 Alt+Delete 组合键填充前景色，再按下 Ctrl+D 组合键取消选区，则图像效果如图 5-135 所示。

（17） 按下 Ctrl+T 组合键添加变形框，按住 Shift+Ctrl 组合键的同时拖动角端的控制点，将其等比例缩小，结果如图 5-136 所示。

（18） 在【图层】面板中复制"图层 4 副本"，得到"图层 4 副本 2"，将其填充为白色，并通过 Ctrl+T 组合键等比缩小图像，结果如图 5-137 所示。

图 5-134   图像效果

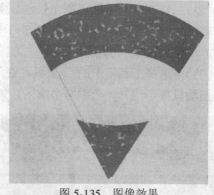

图 5-135   图像效果

图 5-136   图像效果

图 5-137   图像效果

（19）   按下 Alt+Ctrl+G 组合键，将其从剪贴蒙版组中释放出来。

提示注意

创建剪贴蒙版与释放剪贴蒙版的快捷键都是 Alt+Ctrl+G 键。这里将"图层 4 副本 2"层从剪贴蒙版组中释放出来的目的是将该层作为另一组剪贴蒙版的最底层，即在后面的操作中，它将与"牛奶巧克力"图片所在的"图层 5"之间组成剪贴蒙版组。

（20）   打开本书光盘"第 05 章"文件夹中的"牛奶巧克力.jpg"文件，使用 ▶✛工具将图像拖动到"冰淇淋包装展开图"图像窗口中，按下 Ctrl+T 组合键添加变形框，调整图像的大小和位置如图 5-138 所示。

（21）   按下 Alt+Ctrl+G 组合键，将图像所在的"图层 5"与"图层 4 副本 2"组成剪贴蒙版，则图像效果如图 5-139 所示。

图 5-138   变换图像

图 5-139   图像效果

（22）　打开本书光盘"第 05 章"文件夹中的"草莓.jpg"文件，使用 ⊕ 工具将图像拖动到"冰淇淋包装展开图"图像窗口中，按下 Ctrl+T 组合键添加变形框，调整到适当大小，结果如图 5-140 所示。

（23）　选择工具箱中的 ◯ 工具，在工具选项栏中设置【羽化】值为 10 px，在图像窗口中拖动鼠标，建立一个椭圆形选区，如图 5-141 所示。

图 5-140　变换图像

图 5-141　建立的选区

（24）　单击【图层】面板下方的 ◼ 按钮，为图像所在的"图层 6"添加图层蒙版，则图像效果如图 5-142 所示。

（25）　在【图层】面板中复制"图层 6"，得到"图层 6 副本"，使用 ⊕ 工具调整复制图像的位置如图 5-143 所示。

图 5-142　图像效果

图 5-143　调整复制图像的位置

（26）　单击菜单栏中的【编辑】/【变换】/【水平翻转】命令，将复制的图像水平翻转，然后按下 Ctrl+T 组合键添加变形框，并将其稍微缩小，结果如图 5-144 所示。

（27）　在【图层】面板中将"图层 6 副本"调整到"图层 6"的下方，则图像效果如图 5-145 所示。

图 5-144　变换图像

图 5-145　图像效果

（28）　单击菜单栏中的【文件】/【置入】命令，将本书光盘"第 05 章"文件夹中的

"小牛 logo.ai"文件置入图像窗口中，调整其大小和位置如图 5-146 所示。

（29） 单击菜单栏中的【图层】/【图层样式】/【描边】命令，在弹出的【图层样式】对话框中设置描边色为白色，设置其他参数如图 5-147 所示。

图 5-146 置入的图形

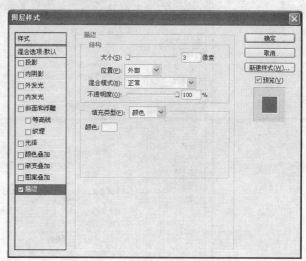

图 5-147 【图层样式】对话框

（30） 单击 [确定] 按钮，则图像效果如图 5-148 所示。

（31） 设置前景色为白色，选择工具箱中的 T 工具，然后在工具选项栏中设置字体为"方正胖头鱼简体"，大小为 25 点，在图像窗口中单击鼠标，输入文字"三合一"，结果如图 5-149 所示。

图 5-148 图像效果

图 5-149 输入的文字

（32） 单击工具选项栏右侧的 工具，在弹出的【变形文字】对话框中设置选项如图 5-150 所示。然后单击 [确定] 按钮，则文字效果如图 5-151 所示。

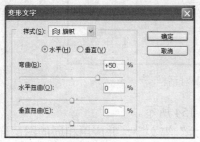

图 5-150 【变形文字】对话框

图 5-151 文字效果

（33）单击菜单栏中的【图层】/【图层样式】/【斜面和浮雕】命令，在弹出的【图层样式】对话框中设置各项参数如图 5-152 所示。

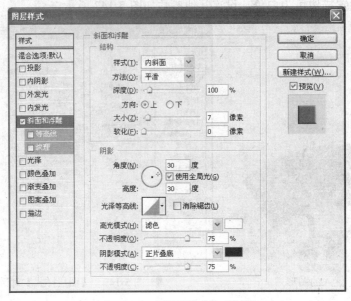

图 5-152 【图层样式】对话框

（34）在对话框左侧选择【描边】选项，设置描边色的 CMYK 值为（0、50、100、0），设置其他参数如图 5-153 所示。

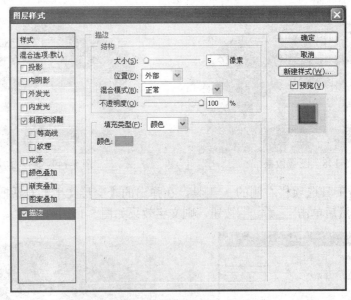

图 5-153 【图层样式】对话框

（35）单击 确定 按钮，则文字效果如图 5-154 所示。

（36）用同样的方法，输入"草莓 牛奶 巧克力"等文字，并应用相同的图层样式，结果如图 5-155 所示。

图 5-154　文字效果

图 5-155　文字效果

（37）　选择工具箱中的 工具，在图像窗口中建立一个矩形选区，如图 5-156 所示。

（38）　在【图层】面板中创建一个新图层"图层 7"，设置前景色为白色，按下 Alt+Delete 组合键填充前景色。

（39）　按下 Ctrl+D 组合键取消选区后，再按下 Ctrl+T 组合键添加变形框，将其逆时针旋转一定的角度，然后在【图层】面板中设置"图层 7"的【不透明度】值为 60%，则图像效果如图 5-157 所示。

图 5-156　建立的选区

图 5-157　图像效果

（40）　选择工具箱中的 T 工具，在图像窗口中拖动鼠标，创建一个文本输入框，输入相关的文字，并将文字逆时针旋转一定的角度，结果如图 5-158 所示。

PS 技术看板

　　Photoshop 中的文字分为插入点文字与段落文字。插入点文字适合于输入少量文字，段落文字适合于输入大量文字。输入段落文字时，需要先拖动鼠标创建一个段落文本框，然后再输入文字，文字会在段落文本框内自动换行。另外，在输入段落文字的同时，还可以旋转、缩放文本框。

（41）　打开本书光盘"第 05 章"文件夹中的"条形码.bmp"文件，使用 工具将图像拖动到"冰淇淋包装展开图"图像窗口中。

（42）　按下 Ctrl+T 组合键添加变形框，将其调整至适当大小，并旋转一定的角度，结果如图 5-159 所示，至此完成了包装展开图的制作。

图 5-158　输入的文字

图 5-159　展开图效果

5.3.4　效果图的制作

冰淇淋包装效果图的制作与其他包装不一样，除了表现蛋筒的立体感以外，还要表现出冰淇淋的色泽与质感。本例使用图层样式进行制作。

（1）　单击菜单栏中的【文件】/【新建】命令，在弹出的【新建】对话框中设置选项如图 5-160 所示。

（2）　单击 确定 按钮，创建一个新文件。

（3）　选择工具箱中的 ▨ 工具，在工具选项栏中选择"黑，白渐变"，并选择"线性渐变"类型，然后在图像窗口中由上向下拖动鼠标填充渐变色，则图像效果如图 5-161 所示。

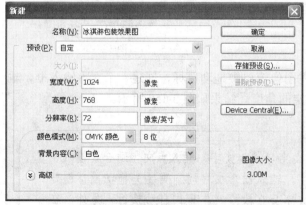

图 5-160　【新建】对话框

图 5-161　图像效果

（4）　选择工具箱中的 ◯ 工具，在工具选项栏中设置选项如图 5-162 所示。

图 5-162　多边形工具选项栏

（5）　在图像窗口中拖动鼠标，创建一个三角形路径，如图 5-163 所示。

（6）　按下 Ctrl+T 组合键添加变形框，将路径在水平方向上压窄一些，其形状如图 5-164 所示。

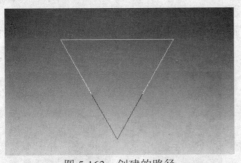
图 5-163　创建的路径

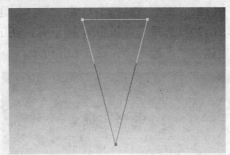
图 5-164　变换路径

（7）　按下 Ctrl+Enter 组合键，将路径转换为选区。

（8）　在【图层】面板中创建一个新图层"图层 1"，设置前景色的 CMYK 值为（50、80、100、30），按下 Alt+Delete 组合键填充前景色，再按下 Ctrl+D 组合键取消选区，则图像效果如图 5-165 所示。

（9）　选择工具箱中的 ⬭ 工具，在图像窗口中拖动鼠标，建立一个椭圆形选区，形状与位置如图 5-166 所示。

图 5-165　图像效果

图 5-166　建立的选区

（10）　按下 Delete 键删除选区内的图像，再按下 Ctrl+D 组合键取消选区，结果如图 5-167 所示。

（11）　打开前面制作的"冰淇淋包装展开图.psd"文件，在【图层】面板中隐藏"背景"层，按下 Shift+Ctrl+E 组合键，合并可见图层，使用 ⬉ 工具将图像拖动到"冰淇淋包装效果图"图像窗口中，并调整其大小和位置如图 5-168 所示。

图 5-167　图像效果

图 5-168　调整图像的大小和位置

（12） 按下 Alt+Ctrl+G 组合键，创建剪贴蒙版，则图像效果如图 5-169 所示。

（13） 选择工具箱中的 工具，在工具选项栏中设置【羽化】值为 10 px，在图像窗口中建立一个选区，如图 5-170 所示。

图 5-169　图像效果

图 5-170　建立的选区

（14） 在【调整】面板中单击 按钮，则【图层】面板中产生了"亮度/对比度 1"层，在【调整】面板中设置选项如图 5-171 所示，则图像效果如图 5-172 所示。

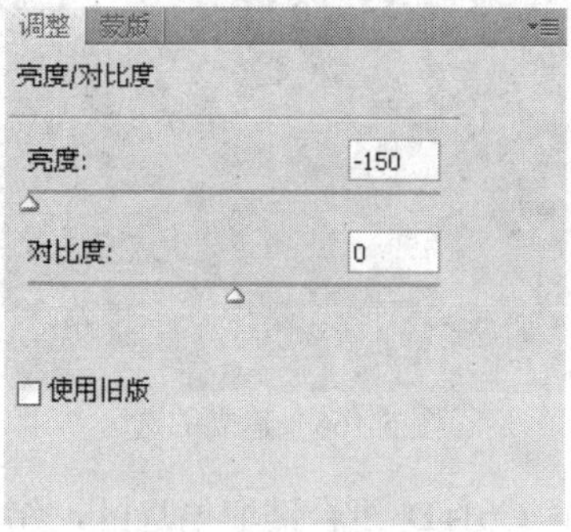

图 5-171　【调整】面板

图 5-172　图像效果

（15） 按下 Alt+Ctrl+G 组合键，创建剪贴蒙版，则图像效果如图 5-173 所示。

（16） 在【图层】面板中复制"亮度/对比度 1"层，得到"亮度/对比度 1 副本"层。

（17） 单击菜单栏中的【编辑】/【变换】/【水平翻转】命令，将复制的图像水平翻转，并调整其位置如图 5-174 所示。

图 5-173　图像效果

图 5-174　变换图像

（18）　接着在【调整】面板中修改参数如图 5-175 所示，制作出高光部分，效果如图 5-176 所示。

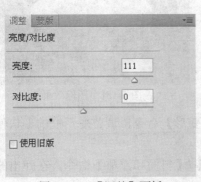

图 5-175　【调整】面板 　　　　　　　　　　　图 5-176　图像效果

（19）　在【图层】面板中复制"亮度/对比度 1 副本"层，得到"亮度/对比度 1 副本 2"层，按下 Ctrl+T 组合键添加变形框，将其逆时针旋转一定角度，移动到左边缘，制作出左边缘的反光效果，如图 5-177 所示。

（20）　在【图层】面板中复制"亮度/对比度 1 副本 2"层，得到"亮度/对比度 1 副本 3"层，单击菜单栏中的【编辑】/【变换】/【水平翻转】命令，将其水平翻转并调整到右边缘，制作出右边缘的反光效果，如图 5-178 所示。

图 5-177　左边缘的反光效果 　　　　　　　　图 5-178　右边缘的反光效果

（21）　选择工具箱中的 ▢ 工具，在工具选项栏中设置选项如图 5-179 所示。

图 5-179　圆角矩形工具选项栏

（22）　在图像窗口中拖动鼠标，创建一个圆角矩形路径，如图 5-180 所示。按下 Ctrl+Enter 组合键，将路径转换为选区。

（23）　在【图层】面板中创建一个新图层"图层 2"，设置前景色为白色，按下 Alt+Delete 组合键填充前景色，再按下 Ctrl+D 组合键取消选区，则图像效果如图 5-181 所示。

图 5-180　创建的路径　　　　　　　　　　　图 5-181　图像效果

（24）　单击菜单栏中的【编辑】/【变换】/【变形】命令，调整变形框的形状使其如图 5-182 所示，然后按下回车键确认变换操作。

（25）　单击菜单栏中的【图层】/【图层样式】/【斜面和浮雕】命令，在弹出的【图层样式】对话框中设置各项参数如图 5-183 所示。

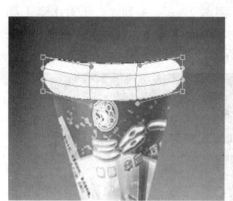

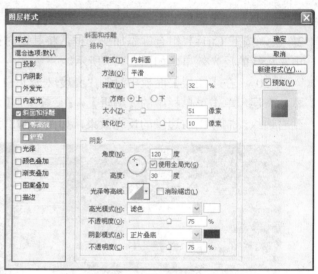

图 5-182　调整变形框的形状　　　　　　　　图 5-183　【图层样式】对话框

（26）　单击 确定 按钮，则图像效果如图 5-184 所示。

（27）　在【图层】面板中按住 Ctrl 键单击"图层 1"的图层缩览图，载入选区，如图 5-185 所示。

图 5-184　图像效果　　　　　　　　　　　图 5-185　载入的选区

（28）　按住 Alt+Shift+Ctrl 组合键在【图层】面板中单击"图层 2"的图层缩览图，

获得与该层图像相交部分的选区，如图 5-186 所示。

技术看板

　　在 Photoshop 中，按住 Ctrl 键单击某个图层（背景层除外），可以选择该层中的图像，或者说建立与该层图像完全一致的选择区域。借助图层建立选区是 Photoshop 提供的一个非常重要的选择方法，

　　（29）　按下 Ctrl+J 组合键，将选区内的图像拷贝到一个新图层"图层 3"中，并锁定其透明像素，设置前景色为浅黄色（CMYK：0、20、60、0），按下 Alt+Delete 组合键填充前景色，再按下 Ctrl+D 组合键取消选区，则图像效果如图 5-187 所示。

图 5-186　编辑选区

图 5-187　图像效果

　　（30）　在【图层】面板中双击"图层 3"下方的"斜面和浮雕"效果，在弹出的【图层样式】对话框中修改选项如图 5-188 所示。

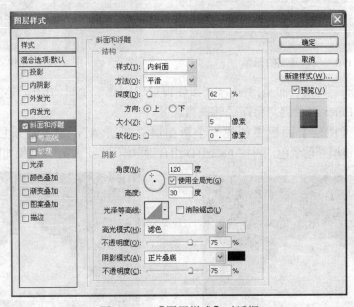

图 5-188　【图层样式】对话框

　　（31）　单击　确定　按钮，则图像效果如图 5-189 所示。

图 5-189　图像效果

（32）　在【图层】面板中复制"图层 2"，得到"图层 2 副本"。

（33）　按下 Ctrl+T 组合键添加变形框，按住 Alt+Shift 组合键将其等比例缩小，并调整其位置如图 5-190 所示。

（34）　按下回车键确认变换操作，然后按下 Alt+Shift+Ctrl 组合键的同时敲击 T 键两次，结果如图 5-191 所示。

图 5-190　变换复制的图像

图 5-191　图像效果

（35）　选择工具箱中的 ✎ 工具，在图像窗口中创建一个封闭的路径，如图 5-192 所示，按下 Ctrl+Enter 组合键，将路径转换为选区。

（36）　在【图层】面板中创建一个新图层"图层 4"，设置前景色为白色，按下 Alt+Delete 组合键填充前景色，再按下 Ctrl+D 组合键取消选区，则图像效果如图 5-193 所示。

图 5-192　创建的路径

图 5-193　图像效果

（37）　选择工具箱中的 工具，在工具选项栏中设置【羽化】值为 10 px，在图像窗口中建立一个如图 5-194 所示的选区。

图 5-194　建立的选区

（38）　单击菜单栏中的【图像】/【调整】/【色相/饱和度】命令，在弹出的【色相/饱和度】对话框中设置选项如图 5-195 所示。

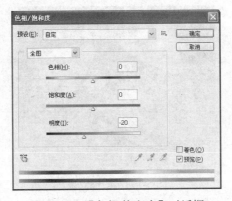

图 5-195　【色相/饱和度】对话框

（39）　单击 确定 按钮，然后按下 Ctrl+D 组合键取消选区，则图像效果如图5-196 所示。

图 5-196　图像效果

（40）　在【图层】面板中选择除"背景"层以外的所有图层，按下 Ctrl+T 组合键添加变形框，将图像逆时针旋转一定的角度，结果如图 5-197 所示。

图 5-197　变换图像

（41）　在【图层】面板中复制所选的图层，并按下 Ctrl+E 组合键合并图层，命名为"成品"。

（42）　按下 Ctrl+T 组合键添加变形框，将其顺时针旋转一定的角度，结果如图 5-198所示。

图 5-198　图像效果

（43）　整体效果完成以后，反复审视细节，适当进行修饰并添加上阴影，最终效果如图 5-199 所示。

图 5-199　最终效果

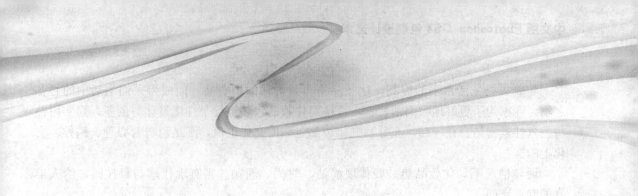

第 6 章

化妆品包装设计与制作

　　随着人类生活水平的提高，化妆品不再是奢侈的消费品，而成为人们生活中的必备之物。商家为了更好地吸引消费者，往往对化妆品包装进行个性化设计与创新，将实用性与艺术性紧密结合在一起，充分发掘化妆品包装的文化价值，满足消费者心理、精神、文化上的需要。

　　通常情况下，化妆品包装要体现简洁、时尚、新颖、富有现代感与科技感，给人丰富的联想空间。

6.1　女士化妆品包装设计

　　在化妆品领域中，女士化妆品占绝对主导地位，其包装一般强调温馨或高贵，除了选择优质的包装材料之外，在造型、色彩、风格上也要突出档次。通常情况下，多为轻巧、圆润、秀丽的瓶体造型，搭配柔美、飘逸的文字与线条，运用淡雅、轻柔的色彩，表现出一种典雅的艺术美。

6.1.1　效果展示

　　本例效果如图 6-1 所示。

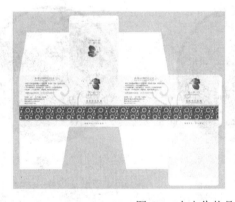

图 6-1　女士化妆品包装的平面图与效果图

6.1.2　基本构思

　　化妆品包装必须正确传达不同消费群体所要求的化妆品的特点，表现不同人群的审美情趣，才能顺利地实现化妆品的销售。本例为女士化妆品，面向年轻的女性，所以在包装设计上突出简洁、时尚、阴柔之美，色彩选用紫红色，并用同一色进行配色，整体非常协调而富有层次，紫色具有华贵与浪漫之意，非常符合年轻女性的审美观。

6.1.3　制作包装的展开图

　　本例中的女士化妆包装完全是一个正方体造型，采用了标准的插口式封口结构。本书光盘提供了包装的展开结构图，放在一个独立的"图层 1"中，在此基础上直接进行制作即可，有兴趣的读者也可以自己设计包装结构。

（1）打开本书光盘"第 06 章"文件夹中的"女士包装结构图.psd"文件，如图 6-2 所示，将其另存为"女士化妆品包装展开图.psd"文件。

（2）按下 Ctrl+R 组合键显示标尺，分别在包装盒的折叠位置处创建参考线，结果如图 6-3 所示。

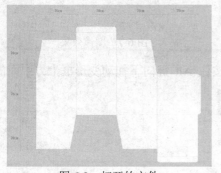
图 6-2　打开的文件

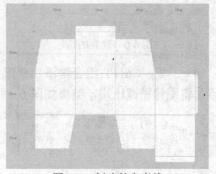
图 6-3　创建的参考线

（3）选择工具箱中的 工具，在图像窗口中沿参考线的交叉点单击鼠标，建立一个如图 6-4 所示的选区。

（4）按下 Ctrl+J 组合键，将选区内的图像复制到一个新图层"图层 2"中。

（5）在【图层】面板中锁定"图层 2"的透明像素，设置前景色的 CMYK 值为（0、10、0、0），按下 Alt+Delete 组合键填充前景色，则图像效果如图 6-5 所示。

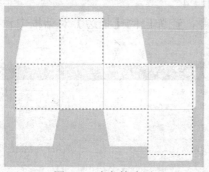
图 6-4　建立的选区

图 6-5　图像效果

（6）选择工具箱中的 工具，在图像中建立一个矩形选区，如图 6-6 所示。

（7）在【图层】面板中创建一个新图层"图层 3"，设置前景色的 CMYK 值为（20、30、60、20），按下 Alt+Delete 组合键填充前景色，再按下 Ctrl+D 组合键取消选区，则图像效果如图 6-7 所示。

（8）在【图层】面板中复制"图层 3"，得到"图层 3 副本"，并锁定该层的透明像素。设置前景色的 CMYK 值为（30、100、0、0），按下 Alt+Delete 组合键填充前景色，则图像效果如图 6-8 所示。

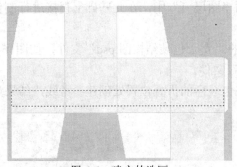
图 6-6 建立的选区

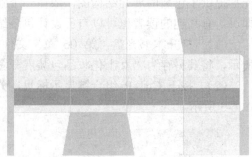
图 6-7 图像效果

（9） 按下 Ctrl+T 组合键添加变形框，然后按住 Alt 键向下拖动变形框上方中间的控制点，将图像稍微压扁，结果如图 6-9 所示。

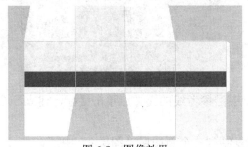
图 6-8 图像效果

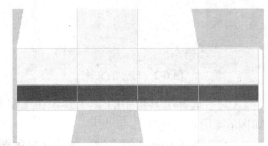
图 6-9 图像效果

（10） 选择工具箱中的 ◯ 工具，在图像窗口中建立一个圆形选区，如图 6-10 所示。

（11） 在【图层】面板中创建一个新图层"图层 4"。

（12） 单击菜单栏中的【编辑】/【描边】命令，在弹出的【描边】对话框中设置描边色为白色，设置其他参数如图 6-11 所示。

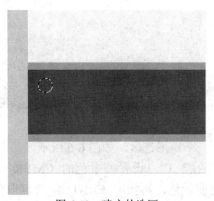
图 6-10 建立的选区

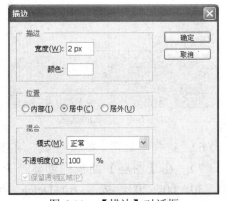
图 6-11 【描边】对话框

（13） 单击 确定 按钮为选区描边，然后按下 Ctrl+D 组合键取消选区，则图像效果如图 6-12 所示。

（14） 用同样的方法，再绘制两个圆环图像，结果如图 6-13 所示。

（15） 使用 ◯ 工具在图像窗口中建立一个圆形选区，如图 6-14 所示。

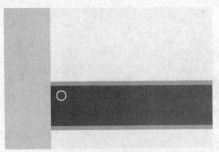

图 6-12　图像效果

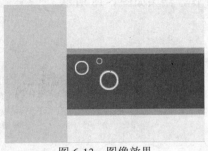

图 6-13　图像效果

（16）　设置前景色为白色，按下 Alt+Delete 组合键填充前景色，再按下 Ctrl+D 组合键取消选区，则图像效果如图 6-15 所示。

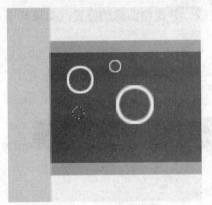

图 6-14　建立的选区

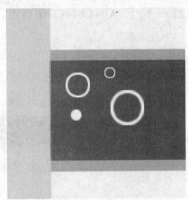

图 6-15　图像效果

（17）　选择工具箱中的 ⊕ 工具，按住 Alt 键拖动绘制的图像，将其移动复制一个，位置如图 6-16 所示，这时【图层】面板中生成"图层 4 副本"。

（18）　在【图层】面板中同时选择"图层 4"和"图层 4 副本"，按下 Ctrl+E 组合键，将其合并为"图层 4"。

（19）　在【图层】面板中再次复制"图层 4"，得到"图层 4 副本"。按下 Ctrl+T 组合键添加变形框，然后按下方向键 → 将其向右移动，位置如图 6-17 所示。

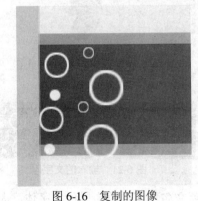

图 6-16　复制的图像

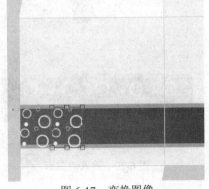

图 6-17　变换图像

（20）　按下回车键确认变换操作，然后按住 Alt+Shift+Ctrl 组合键的同时连续敲击 17

次 T 键，结果如图 6-18 所示。

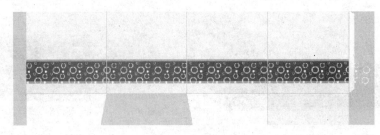

图 6-18　图像效果

（21）　在【图层】面板中同时选择"图层 4"及其所有的副本图层，按下 Ctrl+E 组合键将其合并为一层，图层名称更改为"图层 4"。

（22）　按下 Alt+Ctrl+G 组合键，创建剪贴蒙版，并调整图像的位置，结果如图 6-19 所示。

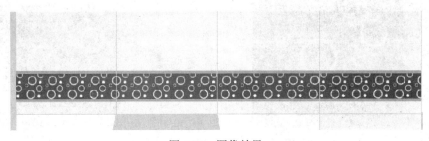

图 6-19　图像效果

（23）　单击菜单栏中的【文件】/【置入】命令，将本书光盘"第 06 章"文件夹中的"logo.ai"文件置入图像窗口中，并调整其大小和位置如图 6-20 所示。

（24）　设置前景色的 CMYK 值为（10、100、0、0），选择工具箱中的 T 工具，在工具选项栏中设置字体为"方正准圆简体"，大小为 7.5 点，在图像窗口中单击鼠标，输入产品名称"细致毛孔乳膏"，结果如图 6-21 所示。

图 6-20　置入的图形

图 6-21　输入的文字

（25）　用同样的方法，在产品名称的下方输入英文名称，颜色为黑色，字体、大小适当设置，结果如图 6-22 所示。

（26）　再次输入文字"细致毛孔·补水滋润"，并设置文字颜色的 CMYK 值为（30、100、0、0），设置适当的字体与大小，结果如图 6-23 所示。

图 6-22　输入的英文　　　　　　　　　图 6-23　输入的文字

（27）　将本书光盘"第 06 章"文件夹中的"花纹.ai"文件置入图像窗口中，并调整其大小和位置如图 6-24 所示。

（28）　单击菜单栏中的【图层】/【栅格化】/【智能对象】命令，将"花纹"层转换为普通图层，然后在【图层】面板中锁定该层的透明像素。

（29）　设置前景色的 CMYK 值为（30、100、0、0），按下 Alt+Delete 组合键填充前景色，则图像效果如图 6-25 所示。

图 6-24　置入的图形　　　　　　　　　图 6-25　图像效果

（30）　在【图层】面板中将"花纹"层调整到"图层 2"的上方，然后按下 Alt+Ctrl+G 组合键，创建剪贴蒙版，则图像效果如图 6-26 所示。

（31）　在【图层】面板中设置"花纹"层的【不透明度】值为 20%，则图像效果如图 6-27 所示。

（32）　参照前面的方法，使用 T, 工具输入产品原料、产地等文字，要注意文字的大小、颜色等的变化，结果如图 6-28 所示。

（33）　在【图层】面板中复制"女士 logo"层，得到"女士 logo 副本"层，使用 工具调整其位置如图 6-29 所示。

图 6-26　图像效果

图 6-27　图像效果

图 6-28　图像效果

图 6-29　复制的图形

（34）　单击菜单栏中的【编辑】/【变换】/【旋转 180°】命令，改变其方向，结果如图 6-30 所示。

（35）　在【图层】面板中复制相关的图层，并使用　工具向右调整复制的图像，最终效果如图 6-31 所示。

图 6-30　图像效果

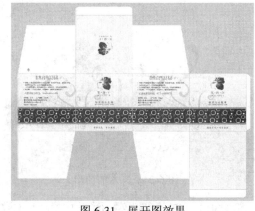

图 6-31　展开图效果

6.1.4　效果图的制作

女士化妆品包装效果图分为两部分：一是外部包装盒的制作，二是内部包装瓶的制作。下面分别进行制作。

1.　制作包装盒

（1）　单击菜单栏中的【文件】/【新建】命令，在弹出的【新建】对话框中设置选项如图 6-32 所示。

（2）　单击 确定 按钮，创建一个新文件。

（3）　选择工具箱中的 工具，在工具选项栏中选择"黑，白渐变"，并选择"径向渐变"类型，同时选择【反向】选项。然后由图像中心向外拖动鼠标，填充渐变色，效果如图 6-33 所示。

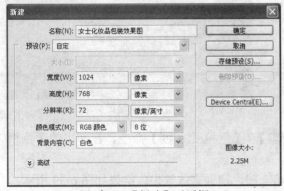

图 6-32　【新建】对话框

图 6-33　图像效果

（4）　激活"女士化妆品包装展开图"图像窗口，选择工具箱中的 工具，在图像中建立一个矩形选区，选择包装盒的正面，如图 6-34 所示。

（5）　按下 Shift+Ctrl+C 组合键，合并复制选区内的图像，激活"女士化妆品包装效果图"图像窗口，按下 Ctrl+V 组合键粘贴复制的图像，则【图层】面板中生成"图层 1"。

（6）　按下 Ctrl+T 组合键添加变形框，按住 Shift 键拖动角端的控制点，将其等比例缩小，然后按住 Ctrl 键拖动各控制点，使其具有透视关系，结果如图 6-35 所示。

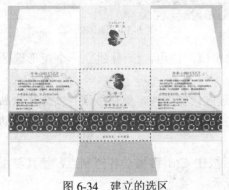

图 6-34　建立的选区

图 6-35　图像效果

（7）　激活"女士化妆品包装展开图"图像窗口，使用 工具建立一个矩形选区，选择包装盒的侧面，如图 6-36 所示。

（8）　按下 Shift+Ctrl+C 组合键，合并复制选区内的图像，激活"女士化妆品包装效果图"图像窗口，按下 Ctrl+V 组合键，粘贴复制的图像，则【图层】面板中自动生成"图层 2"。

（9）　按下 Ctrl+T 组合键添加变形框，将其等比例缩小，再按住 Ctrl 键调整各控制点，使其产生透视效果，并与正面对齐，结果如图 6-37 所示。

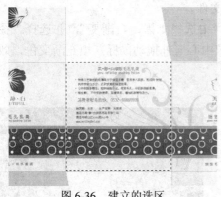

图 6-36 建立的选区

图 6-37 图像效果

（10） 单击菜单栏中的【图像】/【调整】/【色相/饱和度】命令，在弹出的【色相/饱和度】对话框中设置选项如图 6-38 所示。

（11） 单击 确定 按钮，将侧面调暗一些，增强立体效果，结果如图 6-39 所示。

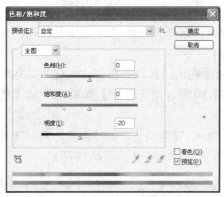

图 6-38 【色相/饱和度】对话框

图 6-39 图像效果

（12） 激活"女士化妆品包装展开图"图像窗口，使用 工具建立一个矩形选区，选择包装盒的顶面，如图 6-40 所示。

（13） 按下 Shift+Ctrl+C 组合键，合并复制选区内的图像，然后激活"女士化妆品包装效果图"图像窗口，按下 Ctrl+V 组合键粘贴复制的图像，这时【图层】面板中自动生成"图层 3"。

（14） 按下 Ctrl+T 组合键添加变形框，然后按住 Ctrl 键拖动各控制点，使其与正面和侧面对齐，并符合整体透视，结果如图 6-41 所示。

（15） 单击菜单栏中的【图像】/【调整】/【色相/饱和度】命令，在弹出的【色相/饱和度】对话框中设置选项如图 6-42 所示。

（16） 单击 确定 按钮，强化立体效果，结果如图 6-43 所示。

图 6-40　建立的选区

图 6-41　图像效果

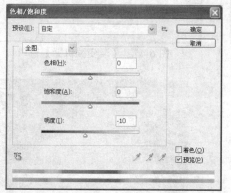

图 6-42　【色相/饱和度】对话框

图 6-43　图像效果

PS 提示注意

本书前面章节已经接触了很多包装盒的制作，一个好的包装作品，主要体现在色调与层次感上。色调指总体的色彩倾向，通常可以通过色相、明度、冷暖等方面确定；而层次感主要指色彩与设计元素的综合体现。

2. 制作包装瓶

（1）选择工具箱中的 ▢ 工具，在图像窗口中创建一个圆角矩形路径，如图 6-44 所示。

（2）按下 Ctrl+Enter 组合键，将路径转换为选区。

（3）在【图层】面板中创建一个新图层"图层 4"。

（4）选择工具箱中的 ▬ 工具，在工具选项栏中选择"径向渐变"类型，单击渐变预览条，在弹出的【渐变编辑器】窗口中设置渐变条下方两个色标的 CMYK 值分别为（0、0、0、0）和（8、30、2、0），如图 6-45 所示。

（5）单击 确定 按钮确认操作，然后在选区内由左向右拖动鼠标，填充渐变色，再按下 Ctrl+D 组合键取消选区，则图像效果如图 6-46 所示。

（6）在【图层】面板中复制"图层 4"，得到"图层 4 副本"，然后按住 Ctrl 键单击该层的图层缩览图，载入选区，如图 6-47 所示。

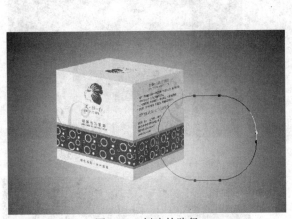

图 6-44　创建的路径

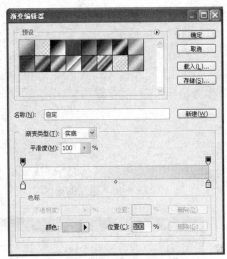

图 6-45　【渐变编辑器】窗口

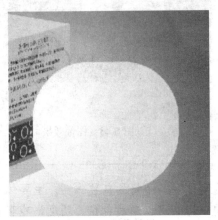

图 6-46　图像效果

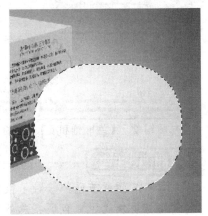

图 6-47　载入的选区

（7）　按下 Shift+F6 组合键，在弹出的【羽化选区】对话框中设置【羽化半径】为 10 像素，对选区进行羽化处理，然后按下 Delete 键删除选区中的图像。

（8）　按下 Ctrl+D 组合键取消选区，再按下 Ctrl+T 组合键添加变形框，按住 Alt+Shift 组合键的同时拖动角端的控制点，以中心为基准等比例放大图像，结果如图 6-48 所示。

（9）　在【图层】面板中锁定"图层 4 副本"的透明像素。

（10）　选择工具箱中的 ▣ 工具，在工具选项栏中选择"线性渐变"类型，然后单击渐变预览条，在弹出的【渐变编辑器】窗口中设置渐变条下方的 3 个色标分别为白、紫红（CMYK：30、100、0、0）和白色，如图 6-49 所示。

（11）　单击 确定 按钮，在图像窗口中由左上角向右下角拖动鼠标，填充渐变色，则图像效果如图 6-50 所示。

（12）　按下 Ctrl+E 组合键向下合并图层，将"图层 4"和"图层 4 副本"合并为一层，并命名为"图层 4"。

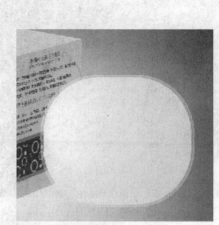

图 6-48　放大图像

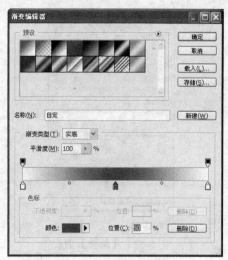

图 6-49　【渐变编辑器】窗口

教你一招

　　在【图层】面板中进行操作时，注意以下操作技巧。（1）双击图层缩览图，则弹出【图层样式】对话框；（2）双击图层名称，可以更改图层名称；（3）双击图层蒙版缩览图，则弹出【图层蒙版显示选项】对话框；（4）按住 Alt 键双击图层缩览图，则弹出【图层属性】对话框；（5）按住 Shift 键单击图层蒙版缩览图，可以关闭或启用图层蒙版。

　　（13）　选择工具箱中的▢工具，在工具选项栏中设置【羽化】值为 20 px，然后在图像窗口中拖动鼠标，建立一个带羽化的矩形选区，如图 6-51 所示。

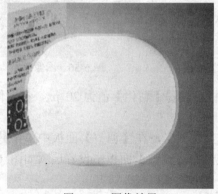

图 6-50　图像效果

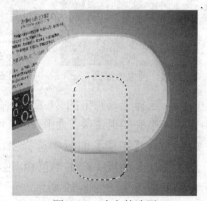

图 6-51　建立的选区

　　（14）　在【调整】面板中单击▆按钮，则【图层】面板中生成"色相/饱和度 1"层，在【调整】面板中设置选项如图 6-52 所示。

　　（15）　按下 Alt+Ctrl+G 组合键，创建剪贴蒙版，则图像效果如图 6-53 所示。

图 6-52 【调整】面板

图 6-53 图像效果

（16） 在【图层】面板中复制"色相/饱和度 1"层，得到"色相/饱和度 1 副本"层，使用 工具向右上方调整复制的图像，则图像效果如图 6-54 所示。

（17） 在【调整】面板中修改参数如图 6-55 所示，则图像效果如图 6-56 所示。

图 6-54 图像效果图

图 6-55 【调整】面板

图 6-56 图像效果

（18） 选择工具箱中的 工具，在工具选项栏中设置【羽化】值为 20 px，在图像窗口中建立一个椭圆形选区，如图 6-57 所示。

（19） 在【图层】面板中选择"图层 4"为当前图层，在【调整】面板中单击 按钮，则【图层】面板中产生"色相/饱和度 2"层，在【调整】面板中设置选项如图 6-58 所示，则图像效果如图 6-59 所示。

（20） 选择工具箱中的 工具，在工具选项栏中设置【羽化】值为 0，然后在图像窗口中建立一个矩形选区，如图 6-60 所示。

（21） 在【图层】面板的最上方创建一个新图层"图层 5"。

（22） 选择工具箱中的 工具，在工具选项栏中选择"线性渐变"类型，然后单击渐变预览条，在弹出的【渐变编辑器】窗口中设置渐变条下方 5 个色标的 CMYK 值为（0、0、0、10）、（0、0、0、30）、（0、0、0、0）、（0、0、0、80）和（0、0、0、10），如

图 6-61 所示。

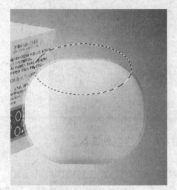
图 6-57　建立的选区

图 6-58　【调整】面板

图 6-59　图像效果

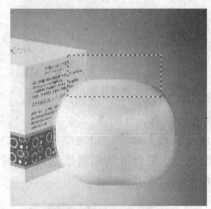
图 6-60　建立的选区

图 6-61　【渐变编辑器】窗口

（23）　单击 确定 按钮，在选区中由左向右拖动鼠标，填充渐变色，再按下 Ctrl+D 组合键取消选区，则图像效果如图 6-62 所示。

（24）　选择工具箱中的 工具，在工具选项栏中设置【羽化】值为 0，然后在图像窗口中建立一个椭圆形选区，如图 6-63 所示。

（25）　按下 Ctrl+J 组合键，将选区内的图像复制到一个新图层"图层 6"中，将图像向下调整，其位置如图 6-64 所示。

（26）　在【图层】面板中复制"图层 6"，得到"图层 6 副本"，将复制的图像向上调整，其位置如图 6-65 所示。

（27）　在【图层】面板中锁定"图层 6 副本"的透明像素。选择工具箱中的 工具，在工具选项栏中选择"黑，白渐变"，并选择"线性渐变"类型，然后在图像窗口中由左向右拖动鼠标，填充渐变色，则图像效果如图 6-66 所示。

图 6-62　图像效果

图 6-63　建立的选区

图 6-64　调整图像的位置

图 6-65　调整复制图像的位置

（28）　在【图层】面板中复制"图层 6 副本"，得到"图层 6 副本 2"。

（29）　单击菜单栏中的【编辑】/【变换】/【水平翻转】命令，将复制的图像水平翻转，然后按下 Ctrl+T 组合键添加变形框，按住 Alt+Shift 组合键的同时拖动角端的控制点，将图像以中心为基准等比例缩小，结果如图 6-67 所示。

图 6-66　图像效果

图 6-67　图像效果

（30）　在【图层】面板中同时选择"图层 5"、"图层 6"、"图层 6 副本"和"图层 6 副本 2"层，按下 Ctrl+T 组合键添加变形框，将整个瓶盖稍微缩小一些，结果如图 6-68 所示。

（31）　使用 工具在图像窗口中建立一个椭圆形选区，如图 6-69 所示。

图 6-68　缩小瓶盖

图 6-69　建立的选区

（32）　在【图层】面板中创建一个新图层"图层 7"，设置前景色为黑色，按下 Alt+Delete 组合键填充前景色，再按下 Ctrl+D 组合键取消选区，则图像效果如图 6-70 所示。

（33）　在【图层】面板中将"图层 7"调整到"图层 5"的下方，图像效果如图 6-71 所示。

图 6-70　图像效果

图 6-71　图像效果

（34）　选择工具箱中的 工具，在黑色图像的边缘上拖动鼠标，对其进行模糊处理，使其产生柔和的阴影效果，如图 6-72 所示。

（35）　单击菜单栏中的【文件】/【置入】命令，将本书光盘"第 06 章"文件夹中的"logo.ai"文件置入图像窗口中，并调整其大小和位置如图 6-73 所示。

图 6-72　模糊效果

图 6-73　置入的图形

（36）　最后统观全图，对细节或瑕疵进行修饰或完善，并制作出倒影和阴影效果，最终效果如图 6-74 所示。

图 6-74　最终效果

6.2　男士化妆品包装设计

　　男士化妆品的市场虽然不如女士化妆品大，但是近些年来，其销售有明显的上升趋势，越来越多的男士（特别是白领阶层）开始注重使用化妆品，商家也在这方面做足了市场。通常情况下，男士化妆品的包装采用黑色、深蓝色、银色等，彰显男性的刚劲与神秘，图案与文字则强调稳重感。

6.2.1　效果展示

本例效果如图 6-75 所示。

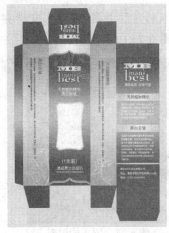

图 6-75　男士化妆品包装平面图与效果图

6.2.2　基本构思

此化妆品采用软管与盒式包装，并且外包装盒正面的中间位置采用镂空形式，使消费者可以透过包装看到里面的商品。整体设计以蓝色为主色调，表现男性的沉稳和冷静，以水印矢量花卉作为背景图案，突出时尚与潮流之美。

6.2.3　制作包装的展开图

本例中的男士化妆品包装采用了镂空形式，在制作展开图时，镂空的部位可以用白色表示。另外，随书光盘中提供了该包装的结构图，供读者上机时使用。

（1）打开本书光盘"第 06 章"文件夹中的"男士包装结构图.psd"文件，将其另存为"男士化妆品包装展开图.psd"文件。

（2）按下 Ctrl+R 组合键显示标尺，分别在包装盒的折叠位置处创建参考线，结果如图 6-76 所示。

（3）在【图层】面板中锁定"图层 1"的透明像素。

提示注意

打开的素材文件是经过预处理的 PSD 文件，其中已经含有"图层 1"，所以上一步骤中直接对"图层 1"进行操作。

锁定透明像素以后，则所有操作只针对该图层中的不透明像素，如填充颜色时不影响透明像素，这样就省去了创建选区的操作，非常方便。

（4）选择工具箱中的■工具，在工具选项栏中选择"线性渐变"类型，然后单击渐变预览条，在弹出的【渐变编辑器】窗口中设置渐变条下方三个色标的 CMYK 值分别为（90、60、30、0）、（50、0、0、0）和（90、60、30、0），如图 6-77 所示。

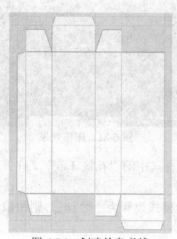

图 6-76　创建的参考线

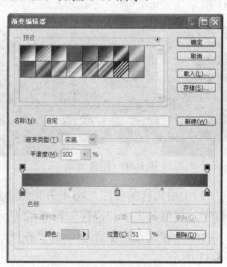

图 6-77　【渐变编辑器】窗口

（5）　单击 _____ 确定 _____ 按钮，在图像窗口中由上向下拖动鼠标，填充渐变色，则图像效果如图 6-78 所示。

技术看板

　　在【渐变编辑器】窗口中编辑渐变色时，在渐变条的下方单击鼠标，可以添加色标，然后双击色标可以打开【拾色器】对话框，设置色标的颜色。如果要删除色标，可以选择色标按 Delete 键删除，也可以将其拖离渐变条。

（6）　将本书光盘"第 06 章"文件夹中的"花纹 2.ai"文件置入图像窗口中，并调整其大小和位置如图 6-79 所示。

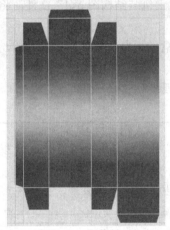
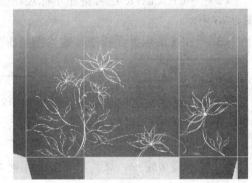

图 6-78　图像效果　　　　　　　　　　　　　图 6-79　置入的图形

（7）　按下 Alt+Ctrl+G 组合键，创建剪贴蒙版，则图像效果如图 6-80 所示。

（8）　在【图层】面板中将"花纹 2"层的混合模式设置为"叠加"，则图像效果如图 6-81 所示。

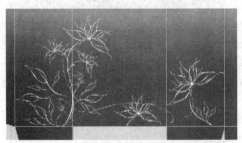
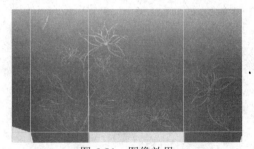

图 6-80　图像效果　　　　　　　　　　　　　图 6-81　图像效果

（9）　用同样的方法，将本书光盘"第 06 章"文件夹中的"花纹 1.ai"文件置入图像窗口中，调整其大小和位置如图 6-82 所示。

（10）　在【图层】面板中将"花纹 1"层的混合模式设置为"叠加"，则图像效果如图 6-83 所示。

图 6-82　置入的图形

图 6-83　图像效果

（11）　继续将本书光盘"第 06 章"文件夹中的"男士 logo.ai"文件置入图像窗口中，调整其大小和位置如图 6-84 所示。

（12）　单击菜单栏中的【图层】/【图层样式】/【描边】命令，在弹出的【图层样式】对话框中设置描边色的 CMYK 值为（100、60、0、20），设置其他参数如图 6-85 所示。

图 6-84　置入的图形

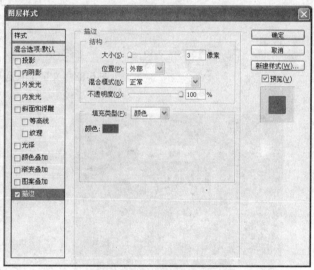

图 6-85　【图层样式】对话框

（13）　在对话框左侧选择【渐变叠加】选项，单击渐变预览条，在弹出的【渐变编辑器】窗口中设置渐变条下方两个色标的 CMYK 值分别为（0、0、0、0）、（0、0、0、30），其他参数如图 6-86 所示。

（14）　单击 确定 按钮，则图像效果如图 6-87 所示。

（15）　设置前景色为白色，选择工具箱中的 T 工具，在工具选项栏中设置选项如图 6-88 所示。

（16）　在图像窗口中单击鼠标，输入相关的文字，结果如图 6-89 所示。

（17）　选择工具箱中的 工具，在图像窗口中创建一条封闭的路径，形状如图 6-90 所示。

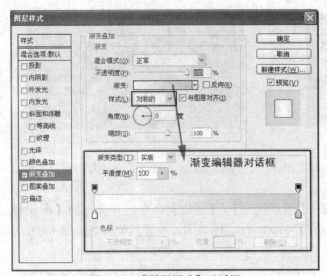

图 6-86 【图层样式】对话框

图 6-87 图像效果

图 6-88 文字工具选项栏

图 6-89 输入的文字

图 6-90 创建的路径

（18） 按下 Ctrl+Enter 组合键，将路径转换为选区，如图 6-91 所示。

（19） 在【图层】面板中创建一个新图层"图层 2"。

（20） 选择工具箱中的 ■ 工具，在工具选项栏中选择"线性渐变"类型，然后单击渐变预览条，在弹出的【渐变编辑器】窗口中设置渐变条下方三个色标的 CMYK 值分别为（0、0、0、30）、（0、0、0、0）和（0、0、0、30），如图 6-92 所示。

（21） 单击 确定 按钮确认操作，在选区内由左向右拖动鼠标，填充线性渐变色，然后按下 Ctrl+D 组合键取消选区，则图像效果如图 6-93 所示。

（22） 在【图层】面板中复制"图层 2"，得到"图层 2 副本"，按下方向键 ↓ 三次，将复制的图像向下移动。

图 6-91　将路径转换为选区

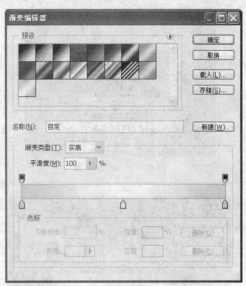

图 6-92　【渐变编辑器】窗口

提示注意

　　移动图层中的图像时，除了可以使用移动工具以外，使用方向键可以实现精确的微移，前提是当前工具必须是移动工具，按一次方向键移动 1 个像素。

　　（23）　在【图层】面板中按住 Ctrl 键单击"图层 2"的图层缩览图，载入选区，如图 6-94 所示。

图 6-93　图像效果

图 6-94　载入的选区

　　（24）　确保"图层 2 副本"为当前图层，按下 Delete 键删除选区中的图像，然后按下 Ctrl+D 组合键取消选区，再连续按下方向键 ↓ 4 次，则图像效果如图 6-95 所示。

　　（25）　选择工具箱中的 工具，按住 Alt 键向下拖动图像，移动复制图像，位置如图 6-96 所示。

　　（26）　用同样的方法，按住 Alt 键向上移动复制图像，结果如图 6-97 所示。

　　（27）　选择工具箱中的 工具，在工具选项栏中设置绘制方式为"路径"，【半径】为 30 px，在图像窗口中创建一个圆角矩形路径，其大小和位置如图 6-98 所示。

图 6-95　图像效果

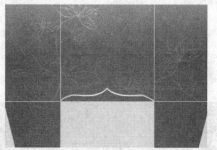

图 6-96　移动复制图像

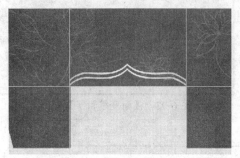

图 6-97　移动复制图像

图 6-98　创建的路径

（28）　选择工具箱中的 工具，分别在圆角矩形路径四条边的中间位置单击鼠标，添加锚点，如图 6-99 所示。

（29）　选择工具箱中的 工具，选择上边中间的锚点，按下方向键 ↓ 4 次，将锚点向下移动，如图 6-100 所示。

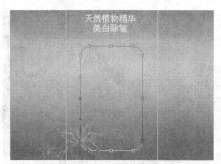

图 6-99　添加锚点

图 6-100　调整锚点的位置

（30）　用同样的方法，分别调整其他三条边中间的锚点，将它们均向中心调整。调整后的路径效果如图 6-101 所示。

（31）　按下 Ctrl+Enter 组合键，将路径转换为选区。然后在【图层】面板中创建一个新图层"图层 3"。

（32）　选择工具箱中的 工具，在选区内由左上角向右下角拖动鼠标，填充前面编辑的渐变色，然后按下 Ctrl+D 组合键取消选区，则图像效果如图 6-102 所示。

（33）　在【图层】面板中复制"图层 3"，得到"图层 3 副本"，并锁定该层的透明像素。然后设置前景色为白色，按下 Alt+Delete 组合键填充前景色，则图像效果如图 6-103 所示。

图 6-101　调整后的路径

图 6-102　图像效果

（34）　按下 Ctrl+T 组合键添加变形框，按住 Alt+Shift 组合键拖动角端的控制点，将复制的图像以中心为基准等比例缩小，结果如图 6-104 所示。

图 6-103　图像效果

图 6-104　变换图像

（35）　选择工具箱中的 T.工具，在图像窗口中输入相关文字，结果如图 6-105 所示。

（36）　选择工具箱中的 工具，在图像窗口中选择包装的侧面区域，然后按住 Shift 键加选另一个侧面区域，结果如图 6-106 所示。

图 6-105　输入的文字

图 6-106　选择侧面区域

PS技术看板

　　当图像中已经存在选区时，利用功能键也可以改变选区的建立方式：按住 Alt 键的同时建立选区，将从原选区中减去新选区；按住 Shift 键的同时建立选区，将向原选区中增加选区；按住 Alt+Shift 组合键的同时建立选区，将得到与原选区相交的区域。

（37）　在【图层】面板中创建一个新图层"图层 4"。

（38）　选择工具箱中的 ▦ 工具，在选区内由上向下拖动鼠标，填充前面编辑的渐变色，按下 Ctrl+D 组合键取消选区，然后在【图层】面板中将"图层 4"调整到"花纹 2"层的下方，则图像效果如图 6-107 所示。

（39）　用同样的方法，再同时建立 3 个矩形选区，然后在"图层 4"的上方创建一个新图层"图层 5"，使用 ▦ 工具在选区内由左向右拖动鼠标，填充相同的渐变色，结果如图 6-108 所示。

图 6-107　图像效果

图 6-108 图像效果

（40）　在【图层】面板中复制两次"男士 logo"层，得到"男士 logo 副本"层和"男士 logo 副本 2"层，在图像窗口中分别调整两个副本图层中的图像位置，并将其中的一个旋转 180°，结果如图 6-109 所示。

（41）　选择工具箱中的 T 工具，在工具选项栏中分别设置不同的大小和颜色，然后在包装盒的两个侧面位置输入相应的文字，结果如图 6-110 所示。

图 6-109　图像效果

图 6-110　输入的文字

（42）　用同样的方法，在包装盒的背面输入相关文字，排列文字时，要注意字体大小、颜色的变化。最终效果如图 6-111 所示。

图 6-111 图像效果

6.2.4 效果图的制作

本例的包装效果图重点学习包装软管的制作方法，同时学习通过镂空包装体现内包装的技法。本节整体上分为 3 个制作过程，下面依次讲解制作步骤。

1. 制作包装盒

（1） 单击菜单栏中的【文件】/【新建】命令，在弹出的【新建】对话框中设置选项如图 6-112 所示。

（2） 单击 ▭ 确定 ▭ 按钮，创建一个新文件。

（3） 选择工具箱中的 ▣ 工具，在工具选项栏中选择"黑，白渐变"，并选择"线性渐变"类型，在图像中由上向下拖动鼠标，填充渐变色，则图像效果如图 6-113 所示。

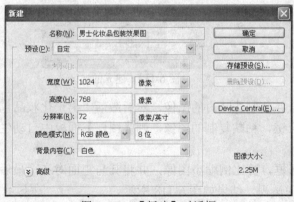

图 6-112 【新建】对话框

图 6-113 图像效果

（4） 激活"男士化妆品包装展开图"图像窗口，选择工具箱中的 ▣ 工具，在图像中建立一个矩形选区，选择正面图像，如图 6-114 所示。

（5） 按下 Shift+Ctrl+C 组合键，合并复制选区内的图像，然后激活"男士化妆品包装效果图"图像窗口，按下 Ctrl+V 组合键，粘贴复制的图像，这时【图层】面板中自动生成"图层 1"。

（6） 按下 Ctrl+T 组合键添加变形框，按住 Shift 键拖动角端的控制点，将其等比例缩小；再按住 Ctrl 键拖动各个控制点，使其产生透视效果，如图 6-115 所示。

图 6-114　建立的选区　　　　　　　　　　图 6-115　变换图像

（7） 选择工具箱中的　工具，在图像中的白色部分单击鼠标，选择白色部分，按下 Delete 键，删除选区内的图像，再按下 Ctrl+D 组合键取消选区，则图像效果如图 6-116 所示。

（8） 激活"男士化妆品包装展开图"图像窗口，使用　工具建立一个矩形选区，选择包装盒的侧面，如图 6-117 所示。

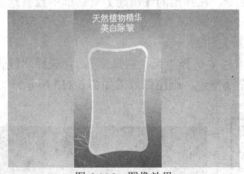
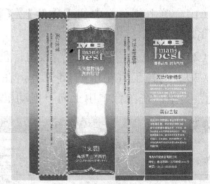

图 6-116　图像效果　　　　　　　　　　　图 6-117　建立的选区

（9） 按下 Shift+Ctrl+C 组合键，合并复制选区内的图像，然后激活"男士化妆品包装效果图"图像窗口，按下 Ctrl+V 组合键，粘贴复制的图像，则【图层】面板中自动生成"图层 2"。

（10） 按下 Ctrl+T 组合键添加变形框，等比例缩小图像，并将其与正面对齐，最后按住 Ctrl 键调整左侧的控制点，使其产生透视，结果如图 6-118 所示。

2.　制作包装软管

（1） 选择工具箱中的　工具，在图像窗口中创建一个矩形路径，如图 6-119 所示。

图 6-118　变换图像

图 6-119　创建的路径

（2）选择工具箱中的 ⬚ 工具，选择路径右下角的锚点，按下方向键 ←10 次，将其向左移动，如图 6-120 所示。

教你一招

由于要制作一个等腰梯形路径，所以除了使用均匀移动锚点的方法之处，还可以按下 Ctrl+T 组合键，对其进行透视变换，这也是一种很好的方法。

（3）用同样的方法，将路径左下角的锚点向右移动 10 次，则调整后的路径效果如图 6-121 所示。

图 6-120　移动锚点

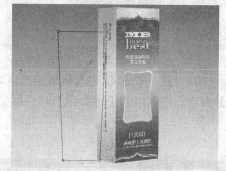

图 6-121　路径效果

（4）按下 Ctrl+Enter 组合键，将路径转换为选区，如图 6-122 所示。

（5）在【图层】面板中创建一个新图层"图层 3"。设置前景色的 CMYK 值为（85、50、20、0），按下 Alt+Delete 组合键填充前景色，再按下 Ctrl+D 组合键取消选区，则图像效果如图 6-123 所示。

（6）使用 ⬚ 工具在图像窗口中建立一个矩形选区，大小与位置如图 6-124 所示。

（7）单击菜单栏中的【图像】/【调整】/【色相/饱和度】命令，在弹出的【色相/饱和度】对话框中设置选项如图 6-125 所示。

（8）单击 确定 按钮，然后按下 Ctrl+D 组合键取消选区，则图像效果如图 6-126 所示。

（9）按下 Ctrl+A 组合键全选图像，然后选择工具箱中的 ⬚ 工具，在工具选项栏中

分别单击 按钮和 按钮，使其对齐到图像窗口的中间。

图 6-122　将路径转换为选区

图 6-123　图像效果

图 6-124　建立的选区

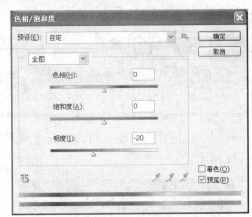

图 6-125　【色相/饱和度】对话框

（10）　按下 Ctrl+D 组合键取消选区，然后单击菜单栏中的【滤镜】/【扭曲】/【球面化】命令，在弹出的【球面化】对话框中设置选项如图 6-127 所示。

图 6-126　图像效果

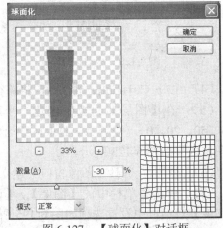

图 6-127　【球面化】对话框

（11）　单击 确定 按钮，使图像略微变形，并将变形后的图像调整到原来的位置，效果如图 6-128 所示。

（12） 选择工具箱中的 工具，在图像窗口中依次单击鼠标，建立一个多边形选区，如图 6-129 所示。

图 6-128 图像效果

图 6-129 建立的选区

（13） 按下 Shift+F6 组合键，在弹出的【羽化选区】对话框中设置【羽化半径】为 10 像素，对选区进行羽化处理。

（14） 单击菜单栏中的【图像】/【调整】/【色相/饱和度】命令，在弹出的【色相/饱和度】对话框中设置选项如图 6-130 所示。

（15） 单击 确定 按钮，调暗选区部分，然后按下 Ctrl+D 组合键取消选区，则图像效果如图 6-131 所示。

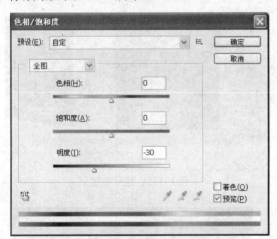

图 6-130 【色相/饱和度】对话框

图 6-131 图像效果

（16） 继续使用 工具建立如图 6-132 所示选区。

（17） 按下 Shift+F6 组合键，在弹出的【羽化选区】对话框中设置【羽化半径】为 10 像素，对选区进行羽化处理。

（18） 单击菜单栏中的【图像】/【调整】/【色相/饱和度】命令，在弹出的【色相/饱和度】对话框中设置选项如图 6-133 所示。

（19） 单击 确定 按钮，调暗选区部分，然后按下 Ctrl+D 组合键取消选区，则图像效果如图 6-134 所示。

（20） 选择工具箱中的 工具，在图像窗口中建立一个椭圆形选区，大小与位置如

图 6-135 所示。

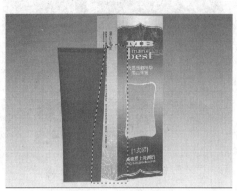

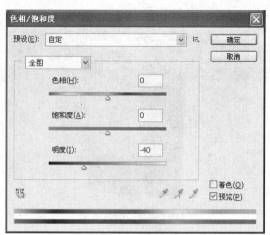

图 6-132 建立的选区   图 6-133 【色相/饱和度】对话框

（21） 选择工具箱中的 工具，按住 Alt 键向下拖动选区中的图像，将其向下移动复制，然后按下 Ctrl+D 组合键取消选区，效果如图 6-136 所示。

（22） 选择工具箱中的 工具，在图像窗口中创建一个封闭的路径，如图 6-137 所示。

图 6-134 图像效果   图 6-135 建立的选区

图 6-136 图像效果   图 6-137 创建的路径

（23） 按下 Ctrl+Enter 组合键，将路径转换为选区，如图 6-138 所示。

（24） 在【图层】面板中创建一个新图层"图层 4"，设置前景色为白色，按下 Alt+Delete 组合键填充前景色，再按下 Ctrl+D 组合键取消选区，则图像效果如图 6-139 所示。

图 6-138 将路径转换为选区

图 6-139 图像效果

（25） 单击菜单栏中的【滤镜】/【模糊】/【高斯模糊】命令，在弹出的【高斯模糊】对话框中设置选项如图 6-140 所示。

（26） 单击 确定 按钮，则图像效果如图 6-141 所示。

图 6-140 【高斯模糊】对话框

图 6-141 图像效果

（27） 在【图层】面板中单击 按钮，为"图层 4"添加图层蒙版。

（28） 选择工具箱中的 工具，在工具选项栏中选择"黑，白渐变"，并选择"线性渐变"类型，然后在图像窗口中由下向上拖动鼠标，编辑蒙版，结果如图 6-142 所示。

提示注意

这里的步骤是为了制作软管的高光。注意这样几个问题：（1）创建路径时要平滑圆润，一次创建不到位，可以反复调整；（2）填充白色以后，为了避免效果生硬，需要进行高斯模糊；（3）要根据真实效果进行细化处理，可以使用橡皮擦工具，也可以使用图层蒙版。

（29） 在【图层】面板中复制"图层 4"，得到"图层 4 副本"。

（30） 单击菜单栏中的【编辑】/【变换】/【水平翻转】命令，将复制的图像水平翻转，然后按下 Ctrl+T 组合键添加变形框，拖动右侧中间的控制点，将其变窄一些，结果如图 6-143 所示。

图 6-142　图像效果

图 6-143　变换复制的图像

（31） 在【图层】面板中设置"图层 4 副本"的【不透明度】值为 40%，则图像效果如图 6-144 所示。

（32） 在【图层】面板中选择"图层 3"为当前图层，选择工具箱中的▣工具，在图像窗口中建立一个矩形选区，如图 6-145 所示。

图 6-144　图像效果

图 6-145　建立的选区

（33） 选择工具箱中的◯工具，按住 Alt 键在图像窗口中拖动鼠标，进行减选，使选区上边缘呈弧形，如图 6-146 所示。

（34） 按下 Shift+Ctrl+J 组合键，将选区中的图像剪切到一个新图层"图层 5"中，然后按下方向键 ↓ 键两次，向下移动图像，结果如图 6-147 所示。

（35） 在【图层】面板中复制"图层 5"，得到"图层 5 副本"，然后锁定该层的透明像素，设置前景色为黑色，按下 Alt+Delete 组合键填充前景色。

（36） 在【图层】面板中将"图层 5 副本"调整到"图层 5"的下方，并将图像略向上移动，效果如图 6-148 所示。

（37） 激活"男士化妆品包装展开图"图像窗口，同时选择"男士 logo"和"天然植物精华 美白除皱"以及"花纹 2"层，将其拖动到"男士化妆品包装效果图"图像窗口中，调整其大小和位置如图 6-149 所示。

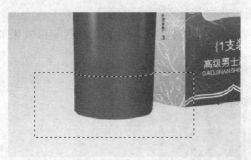

图 6-146　修改选区

图 6-147　图像效果

图 6-148　图像效果

图 6-149　图像效果

3.　整体效果的处理

这一部分主要制作包装盒内的软管，让读者体会多层操作与阴影的表现方法，希望读者学完本部分内容能够灵活运用。

（1）在【图层】面板中同时选择构成软管的所有图层，将其拖动到 按钮上复制一份，接着按下 Ctrl+E 组合键合并为一层，并命名为"软管"，然后将该层调整到"背景"层的上方，调整图像的位置如图 6-150 所示。

（2）在【图层】面板中复制"图层 1"，得到"图层 1 副本"，锁定该层的透明像素，设置前景色为黑色，按下 Alt+Delete 组合键填充前景色，则图像效果如图 6-151 所示。

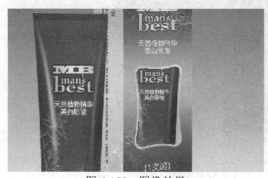

图 6-150　图像效果

图 6-151　图像效果

（3） 按下 Ctrl+T 组合键添加变形框，将图像略微等比例缩小并确认。

（4） 在【图层】面板中将"图层 1 副本"调整到"图层 1"的下方，则图像效果如图 6-152 所示。

图 6-152　图像效果

（5） 在【图层】面板中解除对"图层 1 副本"透明像素的锁定，按下 Ctrl+F 组合键，重复执行【高斯模糊】滤镜，并设置该层的【不透明度】值为 70%，则图像效果如图 6-153 所示。

图 6-153　图像效果

（6） 至此完成了效果图的制作，最后统观全图，对细节再进行处理，为图像添加阴影和倒影，最终效果如图 6-154 所示。

图 6-154　最终效果

第 7 章

药品包装设计与制作

药品是一种特殊的商品，其包装设计往往体现独特的文化特色，药品包装除了具有保护功能之外，还担负着传达信息和宣传商品的重任，它是药品与消费心理相结合的一门艺术。

总体上来说，药品包装要突出药品的名称与用途，让使用者能够明确辨认。药品包装的设计风格可以分为两类：一是中成药，突出传统风格，体现历史韵味和浓郁的中国情结；二是西药，突出现代感与科技感，体现时代审美特征。

7.1 中成药包装设计

中成药是以中草药为原料，经制剂加工制成各种不同剂型的中药制品，包括丸、散、膏、丹各种剂型。由于中成药源于中国，所以设计包装时可以融入中国元素，通过古典纹理与图案的运用，体现中国古代医学历史，传递中国情结与文化。本例将介绍中成药"咽炎康胶囊"的外包装设计与制作。

7.1.1 效果展示

本例效果如图 7-1 所示。

图 7-1　中成药包装的平面图与效果图

7.1.2 基本构思

中成药是中草药的成品药，其原料为中药材，所以设计包装时可以考虑加入中国传统元素，本例以古代老百姓的生活场面作为背景，突出乡土气息与中国古代文化，同时，辅以传统装饰花纹为陪衬，整个画面相得益彰。颜色以土黄色和深红色为主，色调设计均比较暗淡，表达出了古朴悠久的韵味。另外，在盒型的结构设计上充分考虑了摆放的方便性，刻意设计了一个挂孔，以便商家悬挂摆放。

7.1.3　制作包装盒的展开图

平面图的形状是由包装盒结构决定的。不同的包装盒，其结构是不一样的。在绘制平面图之前，可以先手绘出底稿，然后扫描到计算机中进行制作。本例的盒型进行了预处理，读者可以直接调用。

（1）打开本书光盘"第 07 章"文件夹中的"中成药包装盒型.psd"文件，如图 7-2 所示，将其另存为"中成药包装展开图.psd"文件。

（2）按下 Ctrl+R 组合键显示标尺，然后沿包装盒的折线位置创建参考线，以便于制作，如图 7-3 所示。

图 7-2　打开的文件　　　　　　　　　　图 7-3　创建的参考线

（3）在【图层】面板中锁定"图层 1"的透明像素，设置前景色为土黄色（CMYK：10、30、50、10），按下 Alt+Delete 组合键填充前景色，则图像效果如图 7-4 所示。

（4）单击菜单栏中的【文件】/【置入】命令，将本书光盘"第 07 章"文件夹中的"花纹.ai"文件置入图像窗口中，并调整其大小和位置如图 7-5 所示。

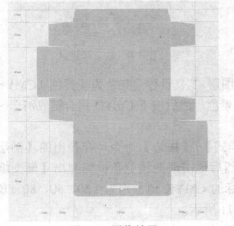

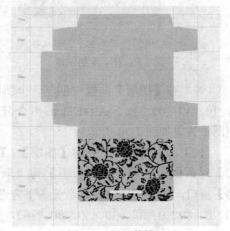

图 7-4　图像效果　　　　　　　　　　　图 7-5　置入的图形

（5）　单击菜单栏中的【图层】/【栅格化】/【智能对象】命令，将"花纹"层转换为普通图层，然后在【图层】面板中锁定该层的透明像素，设置前景色的 CMYK 值为（40、100、80、30），按下 Alt+Delete 组合键填充前景色，则图像效果如图 7-6 所示。

（6）　在【图层】面板中设置"花纹"层的【不透明度】值为 10%，然后按下 Alt+Ctrl+G 组合键，创建剪贴蒙版，则图像效果如图 7-7 所示。

图 7-6　图像效果　　　　　　　　　　　　　图 7-7　图像效果

（7）　选择工具箱中的 工具，按住 Alt 键向上拖动花纹图像两次，移动复制图像，使其覆盖整个包装盒的盒身，如图 7-8 所示。

（8）　选择工具箱中的 工具，在图像窗口建立一个矩形选区，如图 7-9 所示。

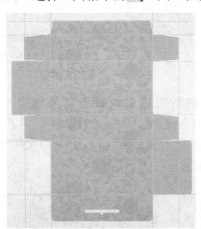

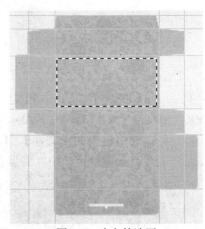

图 7-8　移动复制图像　　　　　　　　　　　图 7-9　建立的选区

（9）　在【图层】面板中创建一个新图层"图层 2"。设置前景色为淡黄色（CMYK：0、10、30、0），按下 Alt+Delete 组合键填充前景色，然后按下 Ctrl+D 组合键取消选区，则图像效果如图 7-10 所示。

（10）　单击菜单栏中的【图层】/【图层样式】/【描边】命令，在弹出的【图层样式】对话框中设置【填充类型】为"渐变"，然后单击渐变预览条，则弹出【渐变编辑器】窗口，在该窗口中设置渐变条下方 3 个色标的 CMYK 值分别为（30、50、80、10）、（0、0、80、0）和（30、50、80、10），如图 7-11 所示。

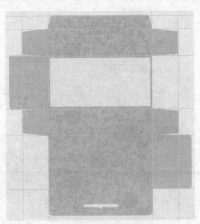

图 7-10 图像效果

图 7-11 【渐变编辑器】窗口

（11） 单击 ▢确定 按钮，返回【图层样式】对话框，然后分别设置各项参数如图 7-12 所示。

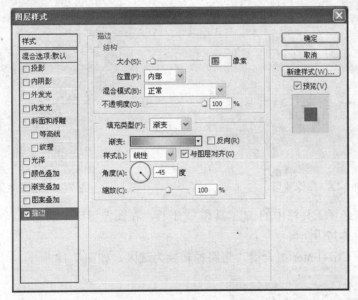

图 7-12 【图层样式】对话框

（12） 单击 ▢确定 按钮，则图像效果如图 7-13 所示。

（13） 将本书光盘"第 07 章"文件夹中的"人物.ai"文件置入图像窗口中，并调整其大小和位置如图 7-14 所示。

（14） 按下 Alt+Ctrl+G 组合键，创建剪贴蒙版，则图像效果如图 7-15 所示。

（15） 单击菜单栏中的【图层】/【栅格化】/【智能对象】命令，将"人物"层转换为普通图层，然后在【图层】面板中锁定该层的透明像素。

（16） 设置前景色的 CMYK 值为（40、100、80、30），按下 Alt+Delete 组合键填充前景色，然后在【图层】面板中设置"人物"层的【不透明度】值为 50%，则图像效果如图 7-16 所示。

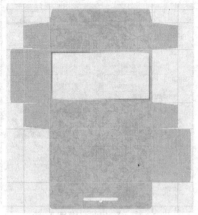

图 7-13　图像效果

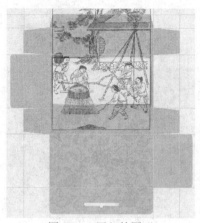

图 7-14　置入的图形

图 7-15　图像效果

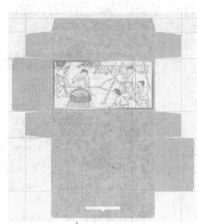

图 7-16　图像效果

（17）　分别选择工具箱中的 ▢ 工具和 ◯ 工具，在图像窗口中创建 3 个路径，其大小与位置关系如图 7-17 所示。

（18）　按下 Ctrl+Enter 组合键，将路径转换为选区，如图 7-18 所示。

图 7-17　创建的路径

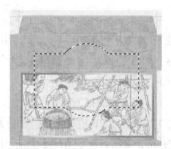

图 7-18　选区效果

（19）　在【图层】面板中创建一个新图层"图层 3"。设置前景色的 CMYK 值为

（40、100、80、30），按下 Alt+Delete 组合键填充前景色，再按下 Ctrl+D 组合键取消选区，则图像效果如图 7-19 所示。

（20）　在【图层】面板中的"图层 2"上单击鼠标右键，在弹出的快捷菜单中选择【拷贝图层样式】命令，然后在"图层 3"上单击鼠标右键，在弹出的快捷菜单中选择【粘贴图层样式】命令。

（21）　在【图层】面板中双击"图层 3"下方的"描边"效果，在弹出的【图层样式】对话框中修改渐变色为灰（CMYK：0、0、0、70）、白、灰，如图 7-20 所示。

图 7-19　图像效果

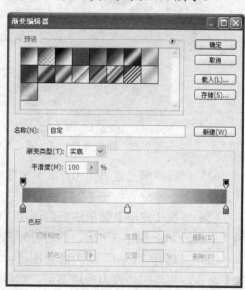

图 7-20　修改渐变色

（22）　单击 确定 按钮，返回【图层样式】对话框，然后修改【大小】值为 18，设置其他参数如图 7-21 所示。

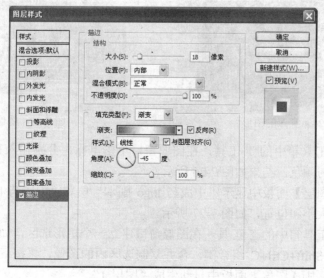

图 7-21　【图层样式】对话框

（23） 单击 确定 按钮，则图像效果如图 7-22 所示。

（24） 选择工具箱中的 T 工具，在工具选项栏中设置字体为"方正粗圆繁体"，大小为 26 点，然后在图像窗口单击鼠标，输入药品名称与拼音，并调整字距如图 7-23 所示。

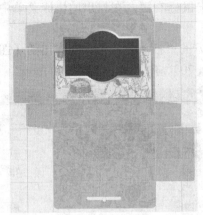

图 7-22　图像效果

图 7-23　输入的文字

（25） 将本书光盘"第 07 章"文件夹中的"中成药 logo.ai"文件置入图像窗口中，并调整其大小和位置如图 7-24 所示。

（26） 在【图层】面板中复制两次"中成药 logo"层，得到"中成药 logo 副本"层和"中成药 logo 副本 2"层，然后暂时隐藏这个两层，以备后用。

（27） 选择"logo"层为当前图层，单击菜单栏中的【图层】/【栅格化】/【智能对象】命令，将该层转换为普通图层，然后在【图层】面板中锁定该层的透明像素。

（28） 设置前景色为白色，按下 Alt+Delete 组合键填充前景色，图像效果如图 7-25 所示。

图 7-24　置入的图形

图 7-25　图像效果

（29） 选择工具箱中的 T 工具，在图像窗口单击鼠标，分别输入其他文字，并适当调整字体、大小与颜色，结果如图 7-26 所示。

（30） 在【图层】面板中显示"中成药 logo 副本"层和"中成药 logo 副本 2"层，然后分别调整其大小和位置，如图 7-27 所示。

（31） 选择工具箱中的 工具，在图像窗口建立一个矩形选区，如图 7-28 所示。

（32） 按下 Shift+Ctrl+C 组合键，合并复制选区内的图像，再按下 Ctrl+V 组合键，粘贴复制的图像，则【图层】面板中自动生成"图层 4"。

图 7-26　输入的文字

图 7-27　调整图像的大小和位置

（33）　单击菜单栏中的【编辑】/【变换】/【旋转 180°】命令，改变复制图像的方向，然后使用 工具调整其位置，最终效果如图 7-29 所示。

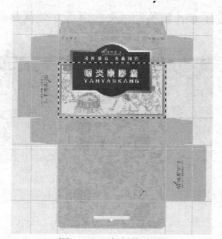

图 7-28　建立的选区

图 7-29　图像效果

7.1.4　效果图的制作

只要是盒式结构的包装，在表现效果图时一般都要运用 Photoshop 的自由变换技术，这是 Photoshop 中制作包装盒的唯一方法。在制作效果图时要把握好透视关系。

（1）　单击菜单栏中的【文件】/【新建】命令，在弹出的【新建】对话框中设置选项如图 7-30 所示。

（2）　单击 确定 按钮，创建一个新文件。

（3）　选择工具箱中的 工具，在工具选项栏中选择"黑，白渐变"，并选择"线性渐变"类型，然后在图像窗口中由上向下拖动鼠标，填充渐变色，则图像效果如图 7-31 所示。

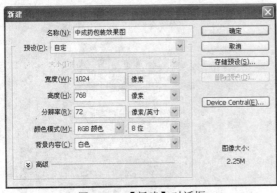

图 7-30　【新建】对话框　　　　　　　　　图 7-31　图像效果

（4）　激活"中成药包装展开图.psd"图像窗口，选择工具箱中的 ▣ 工具，在图像窗口中建立一个矩形选区，如图 7-32 所示。

（5）　按下 Shift+Ctrl+C 组合键，合并复制选区内的图像。

（6）　激活"中成药包装效果图"图像窗口，按下 Ctrl+V 组合键，粘贴复制的图像，则【图层】面板中自动生成"图层 1"。

（7）　按下 Ctrl+T 组合键添加变形框，然后按住 Ctrl 键拖动各个控制点，使其具有透视关系，结果如图 7-33 所示。

图 7-32　建立的选区

图 7-33　变换图像

（8）　激活"中成药包装展开图"图像窗口，使用 ▣ 工具建立一个矩形选区，如图 7-34 所示，按下 Shift+Ctrl+C 组合键，合并复制选区内的图像。

（9）　激活"中成药包装效果图"图像窗口，按下 Ctrl+V 组合键，粘贴复制的图像，则【图层】面板中自动生成"图层 2"。

（10）　按下 Ctrl+T 组合键添加变形框，然后按住 Ctrl 键拖动各个控制点，调整其透视关系，并使其与正面对接，结果如图 7-35 所示。

（11）　单击菜单栏中的【图像】/【调整】/【色相/饱和度】命令，在弹出的【色相/饱和度】对话框中设置选项如图 7-36 所示。

（12）　单击 确定 按钮，适当降低其明度，则图像效果如图 7-37 所示。

（13）　激活"中成药包装展开图"图像窗口，使用 ▣ 工具建立一个矩形选区，如图 7-38 所示，按下 Shift+Ctrl+C 组合键，合并复制选区内的图像。

图 7-34　建立的选区

图 7-35　变换图像

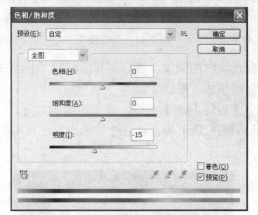

图 7-36　【色相/饱和度】对话框

图 7-37　图像效果

（14）　激活"中成药包装效果图"图像窗口，按下 Ctrl+V 组合键粘贴复制的图像，则【图层】面板中自动生成"图层 3"。

（15）　参照前面的操作方法，对其进行自由变换，并使其对齐正面与顶面，效果如图 7-39 所示。

图 7-38　建立的选区

图 7-39　图像效果

（16）　单击菜单栏中的【图像】/【调整】/【色相/饱和度】命令，在弹出的【色相/饱和度】对话框中设置选项如图 7-40 所示。

（17）　单击 确定 按钮，适当降低其明度，增强立体效果，如图 7-41 所示。

（18）　激活"中成药包装展开图"图像窗口，在【图层】面板中隐藏"背景"层，然后使用 工具建立一个矩形选区，如图 7-42 所示。

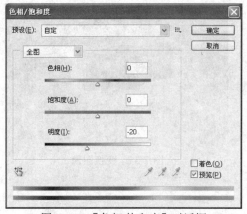

图 7-40　【色相/饱和度】对话框　　　　　　　图 7-41　图像效果

（19）　按下 Shift+Ctrl+C 组合键，合并复制选区内的图像，然后将其粘贴到"中成药包装效果图"图像窗口中，则【图层】面板中自动生成"图层 4"。

（20）　单击菜单栏中的【编辑】/【变换】/【旋转 180°】命令，改变图像的方向。

（21）　按下 Ctrl+T 组合键添加变形框，然后按住 Ctrl 键拖动各个控制点，使其与正面的透视相同，结果如图 7-43 所示。

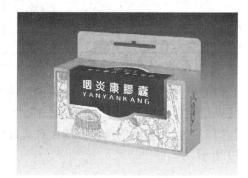

图 7-42　建立的选区　　　　　　　　　　图 7-43　变换图像

（22）　在【图层】面板中复制"图层 1"，得到"图层 1 副本"。

（23）　单击菜单栏中的【编辑】/【变换】/【垂直翻转】命令，将复制的图像垂直翻转作为倒影，并调整其位置如图 7-44 所示。

（24）　按下 Ctrl+T 组合键添加变形框，然后按住 Ctrl 键向上拖动左侧中间的控制点，使其与底边对齐，结果如图 7-45 所示。

PS 提示注意

　　由于包装盒具有一定的透视角度，所以在制作倒影时要特别注意方法，不可以做简单的垂直翻转。垂直翻转以后一定要重新进行变换，并且一定要分面进行制作，不能将整个包装盒同时垂直翻转，否则得不到理想效果。

图 7-44　翻转复制的图像

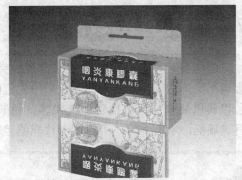

图 7-45　变换图像

（25）　单击菜单栏中的【滤镜】/【模糊】/【高斯模糊】命令，在弹出的【高斯模糊】对话框中设置选项如图 7-46 所示。

（26）　单击 确定 按钮，则模糊后的倒影效果如图 7-47 所示。

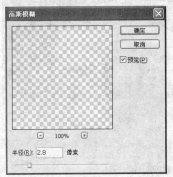

图 7-46　【高斯模糊】对话框

图 7-47　倒影效果

（27）　在【图层】面板中单击 按钮，为"图层 1 副本"添加图层蒙版。

（28）　选择工具箱中的 工具，在工具选项栏中选择"黑，白渐变"，并选择"线性渐变"类型，然后在图像窗口中由下向上拖动鼠标，编辑蒙版，使倒影产生衰减效果，如图 7-48 所示。

（29）　在【图层】面板中复制"图层 3"，得到"图层 3 副本"，然后用同样的方法制作侧面的倒影，最终效果如图 7-49 所示。

图 7-48　图像效果

图 7-49　最终效果

7.2 西药包装设计

西药包装是药品包装中的另一个种类，与中成药的包装设计有很大的区别，它特别强调视觉传达设计，由于西药是采用先进的科学技术，在严格的卫生条件下生产的药品，所以其包装要体现科技感、现代感。包装上的图形设计要简洁、干净、生动，文字要醒目、规范。本例学习"清热解毒片"的包装设计与制作。

7.2.1 效果展示

本例效果如图 7-50 所示。

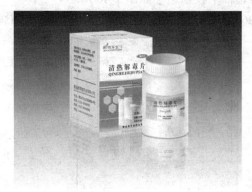

图 7-50　西药包装的平面图与效果图

7.2.2 基本构思

"清热解毒片"是西药中最常见的片剂，这类药品的外包装多为盒式结构，而内包装主要分为塑料瓶包装和泡罩包装。本例的内包装采用塑料瓶，整体设计构思定位为"简洁、科技"，所以色彩使用白色和蓝色搭配，白色代表清爽，蓝色代表科技，同时使用了苯环的简易图案，体现药品的化学属性与科技含量。

7.2.3 制作外包装的展开图

本例中包装盒的结构为摇盖插入式，即盒盖有 3 个摇盖部分，其中主盖略长，有一插舌，以便插入盒体起封闭作用。

（1）打开本书光盘"第 07 章"文件夹中的"西药包装盒型.psd"文件，将其另存为"西药包装展开图.psd"。

（2）按下 Ctrl+R 组合键显示标尺，依次在包装盒的折线位置处创建参考线，结果如图 7-51 所示，然后使用 ▣ 工具在图像窗口建立一个矩形选区，如图 7-52 所示。

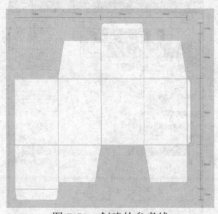

图 7-51　创建的参考线

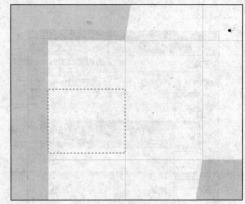

图 7-52　建立的选区

（3）　在【图层】面板中创建一个新图层"图层 2"。

（4）　选择工具箱中的 ▨ 工具，在工具选项栏中选择"线性渐变"类型，然后单击渐变预览条，在弹出的【渐变编辑器】窗口中设置渐变条下方两个色标的 CMYK 值分别为（100、0、0、0）和（100、100、0、0），如图 7-53 所示。

（5）　单击 [确定] 按钮确认操作，然后在选区内由左上方向右下方拖动鼠标，填充渐变色，再按下 Ctrl+D 组合键取消选区，则图像效果如图 7-54 所示。

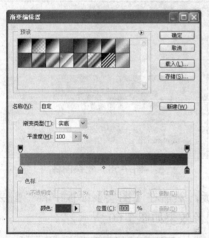

图 7-53　【渐变编辑器】窗口

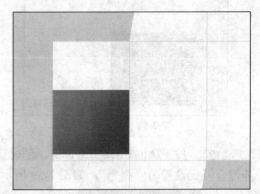

图 7-54　图像效果

（6）　在【图层】面板中复制"图层 2"，得到"图层 2 副本"，将该层调整到"图层 2"的下方，并锁定该层的透明像素，如图 7-55 所示。

（7）　选择工具箱中的 ▸₊ 工具，按住 Shift 键的同时按下方向键 ↑ ，将"图层 2 副本"中的图像略向上移。

（8）　选择工具箱中的 ▨ 工具，在工具选项栏中单击渐变预览条，则弹出【渐变编辑器】窗口，在该对话框中设置渐变条下方三个色标的 CMYK 值分别为（30、50、80、10）、（0、0、80、0）和（30、50、80、10），如图 7-56 所示。

（9）　在图像窗口中由左向右水平拖动鼠标，重新填充渐变色，则图像效果如图 7-57 所示。

图 7-55　【图层】面板

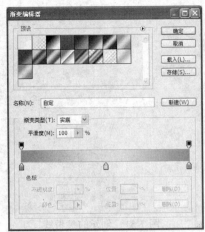

图 7-56　【渐变编辑器】窗口

（10）　打开本书光盘"第 07 章"文件夹中的"科技.bmp"文件，使用 工具将打开的图像拖动到"西药包装展开图"图像窗口中，则【图层】面板中自动生成"图层 3"。

（11）　在【图层】面板中将"图层 3"调整到面板的最上方，然后按下 Ctrl+T 组合键添加变形框，按住 Shift 键的同时拖动角端的控制点，等比例缩小图像至适当大小，结果如图 7-58 所示。

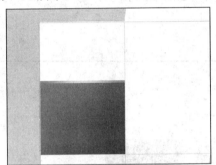

图 7-57　图像效果

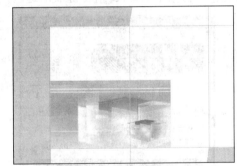

图 7-58　变换图像

（12）　按下 Alt+Ctrl+G 组合键，创建剪贴蒙版，然后在【图层】面板中将"图层 3"的混合模式设置为"强光"，如图 7-59 所示，则图像效果如图 7-60 所示。

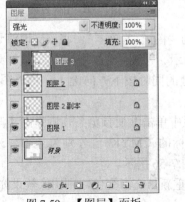

图 7-59　【图层】面板

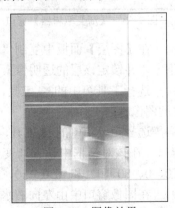

图 7-60　图像效果

（13） 设置前景色为白色，选择工具箱中的 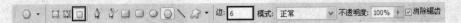 工具，在工具选项栏中设置选项如图 7-61 所示。

图 7-61　多边形工具选项栏

（14） 在【图层】面板中创建一个新图层"图层 4"，按住 Shift 键在图像窗口中由上向下垂直拖动鼠标，绘制一个白色的六边形，如图 7-62 所示。

（15） 在【图层】面板中创建一个新图层"图层 5"，然后按住 Ctrl 键的同时单击"图层 4"的缩览图，建立一个六边形选区。

（16） 单击菜单栏中的【编辑】/【描边】命令，在弹出的【描边】对话框中设置描边色的 CMYK 值为（100、100、0、0），设置其他参数如图 7-63 所示。

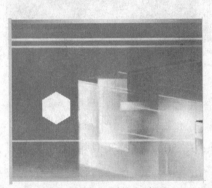

图 7-62　绘制的六边形

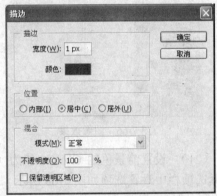

图 7-63　【描边】对话框

（17） 单击 确定 按钮，对选区进行描边，然后按下 Ctrl+D 组合键取消选区，则图像效果如图 7-64 所示。

技术看板

　　将选区与【描边】命令配合使用，可以绘出轮廓线，它是 Photoshop 中唯一能制作线框的命令。在【描边】对话框中，【宽度】用于设置描边的宽度，取值范围为 1~250 像素；【位置】用于设置描边的相对于选区的位置。

（18） 选择工具箱中的 工具，分别按下方向键 ↑ 和方向键 ← 各两次，向左上角移动边框，结果如图 7-65 所示。

（19） 在【图层】面板中设置"图层 4"的【不透明度】值为 50%，然后将"图层 4"和"图层 5"合并为"图层 4"，效果如图 7-66 所示。

（20） 按住 Alt 键，使用 工具将六边形图像移动复制三次，并调整其位置如图 7-67 所示。

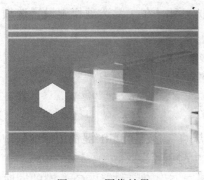

图 7-64　图像效果

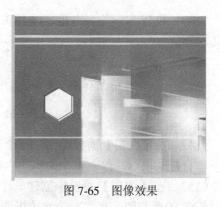

图 7-65　图像效果

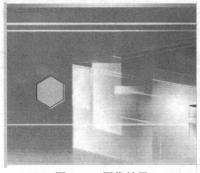

图 7-66　图像效果

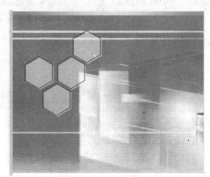

图 7-67　移动复制图像

（21）　设置前景色的 CMYK 值为（100、100、0、50），选择工具箱中的 T 工具，在工具选项栏中设置选项如图 7-68 所示。

图 7-68　文字工具选项栏

（22）　在图像窗口中单击鼠标，输入文字"清热解毒片"，然后选择文字，按住 Alt 键的同时按下方向键 → 调整字距，按下 Ctrl+Enter 组合键，结束对文字的编辑。

（23）　用同样的方法，继续使用 T 工具输入药品名称的大写拼音，如图 7-69 所示。

（24）　选择工具箱中的 ○ 工具，在图像窗口中建立一个椭圆形选区，如图 7-70 所示。

（25）　在【图层】面板中创建一个新图层"图层 5"。选择工具箱中的 ■ 工具，使用前面编辑过的渐变色填充选区，然后按下 Ctrl+D 组合键取消选区，效果如图 7-71 所示。

（26）　在【图层】面板中复制"图层 5"，得到"图层 5 副本"，并锁定该层的透明像素。设置前景色为青色（CMYK：100、0、0、0），按下 Alt+Delete 组合键填充前景色，然后按下 Ctrl+T 组合键添加变形框，将复制的图像适当缩小，结果如图 7-72 所示。

（27）　设置前景色为白色，选择工具箱中的 T 工具，在工具选项栏中设置选项如图 7-73 所示。

图 7-69　输入的文字

图 7-70　建立的选区

图 7-71　图像效果

图 7-72　图像效果

图 7-73　文字工具选项栏

（28）　在图像窗口中单击鼠标，输入文字"糖衣装"，结果如图 7-74 所示。

（29）　单击菜单栏中的【文件】/【置入】命令，将本书光盘"第 07 章"文件夹中的"西药 logo.ai"文件置入图像窗口中，调整其大小和位置如图 7-75 所示。

（30）　使用 T.工具在图像窗口中继续输入其他相关文字，并调整适当的字体、大小与颜色，结果如图 7-76 所示。

（31）　选择工具箱中的 工具，在图像窗口建立一个矩形选区，如图 7-77 所示。

（32）　在【图层】面板中创建一个新图层"图层 6"，单击菜单栏中的【编辑】/【描边】命令，在弹出的【描边】对话框中设置选项如图 7-78 所示。

（33）　单击 确定 按钮，然后按下 Ctrl+D 组合键取消选区，则图像效果如图 7-79 所示。

图 7-74　输入的文字

图 7-75　置入的图形

图 7-76　输入的文字

图 7-77　建立的选区

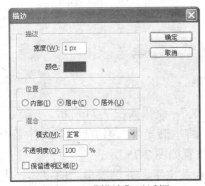

图 7-78　【描边】对话框

图 7-79　图像效果

（34）设置前景色的 CMYK 值为（100、100、0、0），选择工具箱中的 T 工具，在工具选项栏中设置选项如图 7-80 所示。

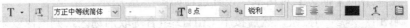

图 7-80　文字工具选项栏

（35）　在图像窗口中拖动鼠标，创建一个段落文本框，并输入相关文字，结果如图 7-81 所示。

（36）　用同样的方法，继续输入公司名称、地址、电话等信息，并更改文字颜色为青色（CMYK：100、70、0、0），适当调整字体与大小，结果如图 7-82 所示。

图 7-81　输入的文字

图 7-82　输入的文字

（37）　在【图层】面板中选择"图层 6"为当前图层，选择工具箱中的 工具，在工具选项栏中设置选项如图 7-83 所示。

图 7-83　直线工具选项栏

（38）　设置前景色为青色（CMYK：100、70、0、0），在图像窗口中拖动鼠标，绘制一个线条，将文字分隔开，如图 7-84 所示。

（39）　使用 工具在图像窗口建立一个矩形选区，选择包装盒的正面，如图 7-85 所示，按下 Shift+Ctrl+C 组合键，合并复制选区内的图像。

图 7-84　绘制的线条

图 7-85　建立的选区

（40）　按下 Ctrl+V 组合键，粘贴复制的图像，调整图像的位置如图 7-86 所示。

（41）　用同样的方法，合并复制包装盒的侧面，粘贴后调整到包装盒的另一侧，结果如图 7-87 所示。

图 7-86　调整图像的位置　　　　　　　　　　　图 7-87　复制的图像

（42）　在【图层】面板中复制"西药 logo"层，得到"西药 logo 副本"层。按下 Ctrl+T 组合键添加变形框，将复制的图像适当放大，然后将其旋转 180°，调整其位置如图 7-88 所示，这样就完成了平面图的制作。

图 7-88　平面图效果

7.2.4　制作内包装的标签

本例的内包装为塑料瓶，需要设计一个标签，标签的风格应该与外包装一致。在制作时可以借助前面制作的外包装文件，以提高工作效率。

（1）　单击菜单栏中的【文件】/【新建】命令，在弹出的【新建】对话框中设置选项如图 7-89 所示。

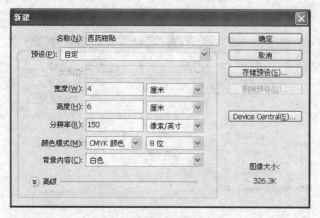

图 7-89　【新建】对话框

（2）　单击 ▢ 确定 ▢ 按钮，创建一个新文件。

（3）　打开本书光盘"第 07 章"文件夹中的"科技.bmp"文件，使用 🔽 工具将其拖动到"西药瓶贴"图像窗口中，则【图层】面板中自动生成一个新图层"图层 1"。

（4）　按下 Ctrl+T 组合键添加变形框，按住 Shift 键的同时拖动角端的控制点，将图像等比例缩小，结果如图 7-90 所示。

（5）　打开前面制作的"西药包装展开图.psd"文件，将所需要的文字和图像拖动到"西药瓶贴"图像窗口中，并调整其大小和位置，最终效果如图 7-91 所示。

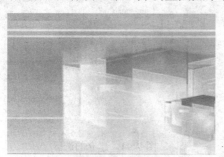

图 7-90　图像效果

图 7-91　瓶贴效果

7.2.5　效果图的制作

本例的包装效果图制作分为两部分，一部分是外包装盒的制作，另一部分是内包装塑料瓶的制作。本节重点学习塑料瓶的表现技法。

1.　制作西药包装盒

（1）　单击菜单栏中的【文件】/【新建】命令，在弹出的【新建】对话框中设置选项如图 7-92 所示。

（2）　单击 ▢ 确定 ▢ 按钮，创建一个新文件。

（3）　选择工具箱中的 ▨ 工具，在工具选项栏中选择"黑，白渐变"，并选择"线性渐变"类型，然后在图像窗口中由上向下拖动鼠标，填充渐变色，则图像效果如图 7-93

所示。

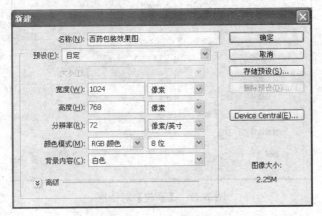

图 7-92 【新建】对话框

（4） 打开前面制作的"西药包装展开图.psd"文件，使用▨工具建立一个矩形选区，选择包装盒的正面，如图 7-94 所示。

图 7-93 图像效果

图 7-94 建立的选区

（5） 按下 Shift+Ctrl+C 组合键，合并复制选区内的图像，然后激活"西药包装效果图"图像窗口，按下 Ctrl+V 组合键，粘贴复制的图像，则【图层】面板中生成一个新图层"图层 1"。

（6） 用同样的方法，将包装盒的侧面与顶面也复制并粘贴到"西药包装效果图"图像窗口中，则【图层】面板中自动生成"图层 2"和"图层 3"，在图像窗口调整图像的位置如图 7-95 所示。

（7） 在【图层】面板中选择"图层 1"为当前图层，按下 Ctrl+T 组合键添加变形框，然后按住 Ctrl 键向上拖动右侧中间的控制点，再略向上拖动右下角的控制点，结果如图 7-96 所示。

（8） 在【图层】面板中选择"图层 2"为当前图层，按下 Ctrl+T 组合键添加变形框，然后按住 Ctrl 键向上拖动左侧中间的控制点，再略向上拖动左下角的控制点，结果如图 7-97 所示。

图 7-95　调整图像的位置

图 7-96　变换图像

（9）　在【图层】面板中选择"图层 3"为当前图层，按下 Ctrl+T 组合键添加变形框，然后按住 Ctrl 键分别拖动右侧中间的控制点和上方中间的控制点，使其对齐正面与侧面，结果如图 7-98 所示。

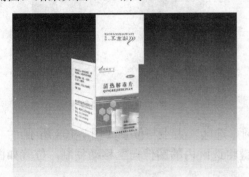

图 7-97　变换图像

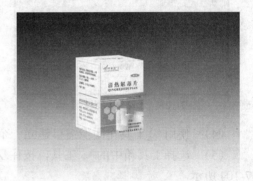

图 7-98　变换图像

（10）　参照前面的方法，使用【色相/饱和度】命令分别将侧面、顶面调暗一些，增强包装盒的立体效果，如图 7-99 所示。

2.　制作包装瓶

（1）　使用▢工具在图像窗口中建立一个矩形选区，如图 7-100 所示。

图 7-99　图像效果

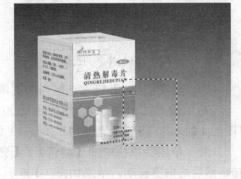

图 7-100　建立的选区

（2）　在【图层】面板中创建一个新图层"图层 4"，然后选择工具箱中的▢工具，在工具选项栏中选择"线性渐变"类型，然后单击渐变预览条，在弹出的【渐变编辑器】窗口中设置渐变条下方四个色标的 CMYK 值分别为（0、0、0、10）、（0、0、0、0）、（0、0、0、30）和（0、0、0、10），如图 7-101 所示。

（3）单击 确定 按钮确认操作，然后在选区内由左向右拖动鼠标，填充渐变色，则图像效果如图 7-102 所示。

图 7-101　【渐变编辑器】窗口

图 7-102　图像效果

（4）使用 ◯ 工具在图像窗口建立一个椭圆形选区，大小与位置如图 7-103 所示。

（5）选择工具箱中的 ➤ 工具，按住 Alt 键将选区内的图像向上移动复制，位置如图 7-104 所示。

图 7-103　建立的选区

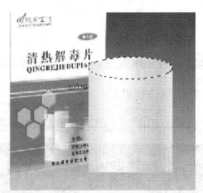

图 7-104　移动复制图像

（6）再次按住 Alt 键将选区内的图像向下移动复制，位置如图 7-105 所示。

（7）按下 Ctrl+D 组合键取消选区。然后在【图层】面板中复制"图层 4"，得到"图层 4 副本"，将该层调整到"图层 4"的下方。

（8）单击菜单栏中的【编辑】/【变换】/【水平翻转】命令，将复制的图像水平翻转，然后略向下移动，结果如图 7-106 所示。

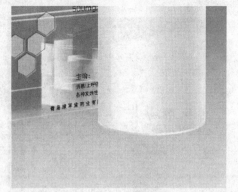

图 7-105 移动复制图像 图 7-106 图像效果

（9） 单击菜单栏中的【图像】/【调整】/【色相/饱和度】命令，在弹出的【色相/饱和度】对话框中设置选项如图 7-107 所示。

（10） 单击 ▢确定 按钮，则图像效果如图 7-108 所示。

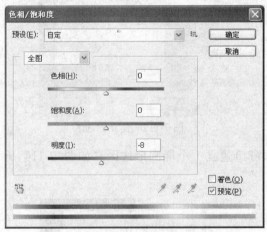

图 7-107 【色相/饱和度】对话框 图 7-108 图像效果

（11） 在【图层】面板中选择"图层 4"为当前图层，使用 ◯工具在图像窗口建立一个椭圆形选区，如图 7-109 所示。

（12） 按下 Shift+F6 组合键，在弹出的【羽化选区】对话框中设置【羽化半径】为 10 像素，对选区进行羽化处理。

（13） 单击菜单栏中的【图像】/【调整】/【色相/饱和度】命令，在弹出的【色相/饱和度】对话框中设置选项如图 7-110 所示。

（14） 单击 ▢确定 按钮，将图像调暗一些，然后按下 Ctrl+D 组合键取消选区，则图像效果如图 7-111 所示。

（15） 选择工具箱中的 ▢工具，在图像窗口建立一个矩形选区，如图 7-112 所示。

（16） 在【图层】面板中创建一个新图层"图层 5"，选择工具箱中的 ▢工具，在图像窗口由左向右拖动鼠标，填充前面编辑的渐变色，然后按下 Ctrl+D 组合键取消选区，则图像效果如图 7-113 所示。

图 7-109　建立的选区

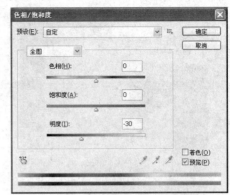

图 7-110　【色相/饱和度】对话框

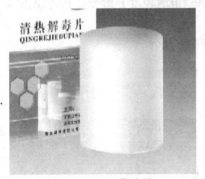

图 7-111　图像效果

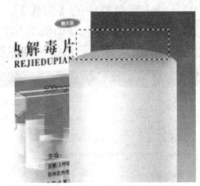

图 7-112　建立的选区

（17）　选择工具箱中的 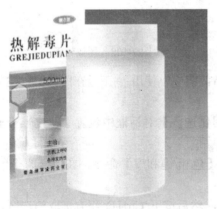 工具，在图像窗口建立一个椭圆形选区，如图 7-114 所示。

图 7-113　图像效果

图 7-114　建立的选区

（18）　选择工具箱中的 工具，按住 Alt 键将选区内的图像向下移动复制，位置如图 7-115 所示。

（19）　按下 Ctrl+J 组合键，将选区内的图像复制到一个新图层"图层 6"中，在【图层】面板中锁定该层的透明像素。

（20）　选择工具箱中的 工具，在工具选项栏中选择"黑，白渐变"，并选择"线性渐变"类型，然后在图像窗口中由左向右拖动鼠标，填充渐变色，图像效果如图 7-116 所示。

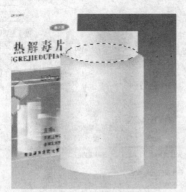

图 7-115　移动复制图像

图 7-116　图像效果

（21）　使用 ⊹ 工具向上移动"图层 6"中的图像，位置如图 7-117 所示。

（22）　在【图层】面板中复制"图层 6"，得到"图层 6 副本"，将该层调整到"图层 6"的下方，并且稍微向下移动。

（23）　单击菜单栏中的【编辑】/【变换】/【水平翻转】命令，将"图层 6 副本"层中的图像水平翻转，结果如图 7-118 所示。

图 7-117　移动图像的位置

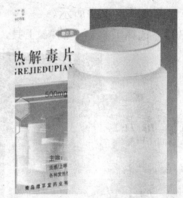

图 7-118　图像效果

（24）　选择工具箱中的 □ 工具，在工具选项栏中设置选项如图 7-119 所示。

图 7-119　矩形选框工具选项栏

（25）　在图像窗口中单击鼠标，建立一个固定大小的矩形选区，如图 7-120 所示。

（26）　在【图层】面板中创建一个新图层"图层 7"，设置前景色为白色，并按下 Alt+Delete 组合键，将选区填充前景色。

（27）　单击菜单栏中的【图层】/【图层样式】/【斜面和浮雕】命令，在弹出的【图层样式】对话框中设置各项参数如图 7-121 所示。

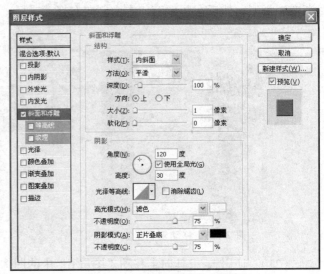

图 7-120　建立的选区　　　　　　　　　图 7-121　【图层样式】对话框

（28）　单击 ▭确定 按钮，则图像产生了浮雕效果。

（29）　按下 Ctrl+T 组合键添加变形框，然后按下方向键 → 8 次，按下回车键确认操作，接着再按住 Alt+Shift+Ctrl 组合键连续敲击 17 次 T 键，最后按下 Ctrl+D 组合键取消选区，结果如图 7-122 所示。

（30）　选择工具箱中的 ▸⊕ 工具，调整图像的位置如图 7-123 所示。

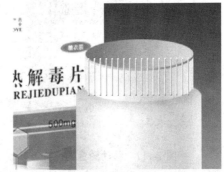

图 7-122　图像效果　　　　　　　　　　图 7-123　调整图像的位置

（31）　确认"图层 7"为当前图层，按住 Ctrl 键的同时在【图层】面板中单击"图层 6"的缩览图，基于图层建立选区，如图 7-124 所示。

（32）　选择工具箱中的 ▭ 工具，通过方向键 ↓ 向下移动选区，然后按下 Delete 键删除选区内的图像，结果如图 7-125 所示。

（33）　继续向下移动选区到竖条的下边缘，然后按住 Shift 键，使用 ▭ 工具在图像窗口中拖动鼠标，添加选区，结果如图 7-126 所示。

（34）　按下 Shift+Ctrl+I 组合键，建立反向选区，然后按下 Delete 键删除选区内的图像，再按下 Ctrl+D 组合键取消选区，结果如图 7-127 所示。

图 7-124　建立的选区

图 7-125　图像效果

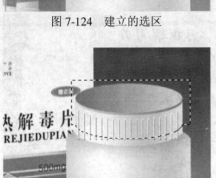

图 7-126　添加选区

图 7-127　图像效果

（35）　打开前面制作的"西药瓶贴.psd"文件，如图 7-128 所示。按下 Shift+Ctrl+E 组合键，合并可见图层，使用 工具将合并后的图像拖动到"西药包装效果图"图像窗口中，则【图层】面板中生成"图层 8"。

（36）　按下 Ctrl+T 组合键添加变形框，按住 Shift 键拖动角端的控制点，等比例缩小图像，结果如图 7-129 所示。

图 7-128　打开的文件

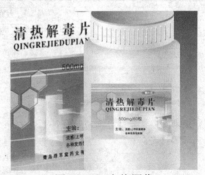

图 7-129　变换图像

（37）　单击菜单栏中的【编辑】/【变换】/【变形】命令，然后调整变形框的形态如图 7-130 所示。

PS 技术看板

Photoshop 中的【变形】命令来自于矢量图形软件中的"封套"工具，它通过一个变形网格控制图像的扭曲。执行该命令后，将出现一个变形网格，用户可以拖动控制点、定界框或网格内的任意区域，从而改变图像的形态。

（38） 按下回车键确认变换操作，然后使用 ▢ 工具在图像窗口中建立一个矩形选区，大小与位置如图 7-131 所示。

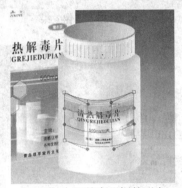

图 7-130　调整变形框的形态

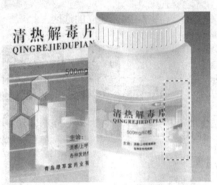

图 7-131　建立的选区

（39） 按下 Shift+F6 组合键，在弹出的【羽化选区】对话框中设置【羽化半径】为 10 像素，对选区进行羽化处理。

（40） 单击菜单栏中的【图像】/【调整】/【色相/饱和度】命令，在弹出的【色相/饱和度】对话框中设置选项如图 7-132 所示。

（41） 单击 确定 按钮，则图像效果如图 7-133 所示。

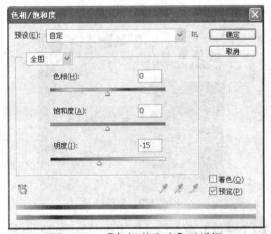

图 7-132　【色相/饱和度】对话框

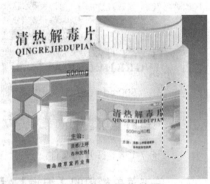

图 7-133　图像效果

（42） 在图像窗口中移动选区的位置如图 7-134 所示。

（43） 单击菜单栏中的【图像】/【调整】/【色相/饱和度】命令，在弹出的【色相/饱和度】对话框中设置选项如图 7-135 所示。

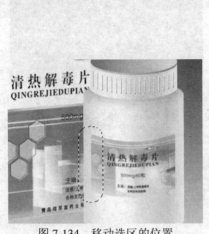

图 7-134 移动选区的位置

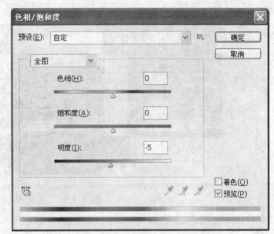

图 7-135 【色相/饱和度】对话框

（44） 单击 确定 按钮，按下 Ctrl+D 组合键取消选区，则图像效果如图 7-136 所示。

（45） 至此完成了效果图的制作，统观全图，反复审视细节，然后参照前面的方法制作出图像的倒影效果，最终效果如图 7-137 所示。

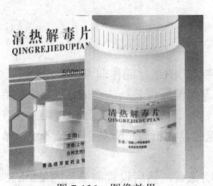

图 7-136 图像效果

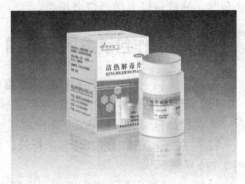

图 7-137 最终效果

7.3 保健品包装设计

保健品是一种介于医药与食品之间的商品，更客观地说，它是一种具有一定滋补疗效的食品。随着物质生活水平的提高，人们越来越重视身体健康和保养；所以保健品比较受中老年人的青睐。保健品的包装设计一般都显得比较高档，并突出滋补身体、改善血液循环、延缓衰老等的功效。

7.3.1 效果展示

本例效果如图 7-138 所示。

图 7-138　保健品包装的平面图与效果图

7.3.2　基本构思

任何产品的包装设计必须建立在周密详实的市场调研基础上，这样才能有的放矢，满足消费者的需要。本例中的保健品主要面向中老年人，所以重点考虑了中老年人的喜好，在颜色上选择暗红色，高档而又不浮华；在形态设计上，采用了双重包装，即手提袋与盒式包装，这样可以方便消费者携带。

7.3.3　制作包装盒的展开图

与前面实例一样，读者直接打开光盘中的包装结构图进行制作即可，不再赘述。

（1）打开本书光盘"第 07 章"文件夹中的"保健品包装结构图.psd"文件，将其另存为"保健品包装展开图.psd"文件。

（2）按下 Ctrl+R 组合键显示标尺，依次在包装盒的折线位置处创建参考线，结果如图 7-139 所示。

（3）在【图层】面板中锁定"图层 1"的透明像素，然后设置前景色的 CMYK 值为（50、100、90、30），按下 Alt+Delete 组合键填充前景色，则图像效果如图 7-140 所示。

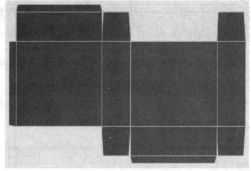

图 7-139　创建的参考线　　　　　　　　　图 7-140　图像效果

（4）选择工具箱中的 ▭ 工具，在图像窗口依照参考线建立一个矩形选区，建立后的效果如图 7-141 所示。

（5）　在【图层】面板中创建一个新图层"图层 2"。

（6）　选择工具箱中的 ▭ 工具，在工具选项栏中单击渐变预览条，在弹出的【渐变编辑器】窗口中设置渐变条下方两个色标的 CMYK 值分别为（0、100、100、0）和（50、100、90、30），如图 7-142 所示。

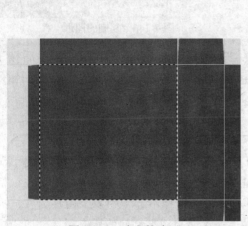

图 7-141　建立的选区　　　　　　　　　图 7-142　【渐变编辑器】窗口

（7）　单击 确定 按钮确认操作，在工具选项栏中选择"径向渐变"类型，然后在选区内由中间向外拖动鼠标，填充渐变色，按下 Ctrl+D 组合键取消选区，则图像效果如图 7-143 所示。

（8）　单击菜单栏中的【文件】/【置入】命令，将本书光盘"第 07 章"文件夹中的"花纹 2.ai"文件置入图像窗口中，调整其大小和位置如图 7-144 所示。

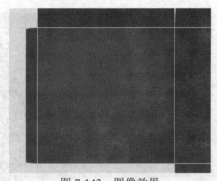

图 7-143　图像效果　　　　　　　　　图 7-144　置入的图形

（9）　选择工具箱中的 ⊹ 工具，按住 Alt 键将图形向左拖动，将其移动复制一份，如图 7-145 所示。

（10）　在【图层】面板中同时选择"花纹 2"和"花纹 2 副本"图层，继续按住 Alt 键向下移动复制一份，结果如图 7-146 所示。

图 7-145　复制的图形　　　　　　　　　　图 7-146　复制的图形

（11）　在【图层】面板中同时选择"花纹 2"图层及其 3 个副本图层，然后按下 Ctrl+E 组合键合并图层为"花纹"，再按下 Alt+Ctrl+G 组合键，创建剪贴蒙版，则图像效果如图 7-147 所示。

> ### PS 技术看板
>
> 　　图层是 Photoshop 的根基，几乎所有的操作都建立在图层的基础上。以前的版本中，不能同时选择多个图层，从 Photoshop CS2 开始改进了这一功能。按住 Ctrl 键的同时在【图层】面板中依次单击图层，可以选择不连续的多个图层；按住 Shift 键的同时依次单击两个图层，则可以选择这两个图层之间的所有图层，即选择了连续的图层。
>
> 　　同时选择多个图层以后，可以进行合并、移动、缩放、编组、锁定、对齐与分布等操作，从而提高工作效率。

（12）　在【图层】面板中锁定"花纹"层的透明像素，按下 Alt+Delete 组合键填充深红色（CMYK：50、100、90、30），结果如图 7-148 所示。

图 7-147　图像效果　　　　　　　　　　图 7-148　图像效果

（13）　设置前景色为白色，选择工具箱中的 T 工具，在工具选项栏中设置其选项如图 7-149 所示。

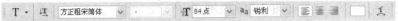

图 7-149　文字工具选项栏

（14）　在图像窗口中单击鼠标，输入文字并调整其字间距，结果如图 7-150 所示。

（15）　单击菜单栏中的【图层】/【图层样式】/【渐变叠加】命令，在弹出的【图层样式】对话框中单击 ![渐变条] ，在弹出的【渐变编辑器】窗口中设置渐变条下方三个色标的 CMYK 值分别为（30、50、80、10）、（0、0、80、0）和（30、50、80、10），如图 7-151 所示。

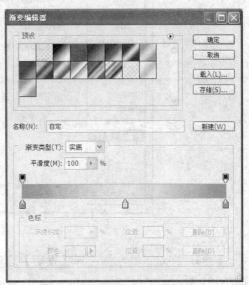

图 7-150　输入的文字　　　　　　图 7-151　【渐变编辑器】窗口

（16）　单击 ![确定] 按钮，在【图层样式】对话框中设置各项参数如图 7-152 所示。

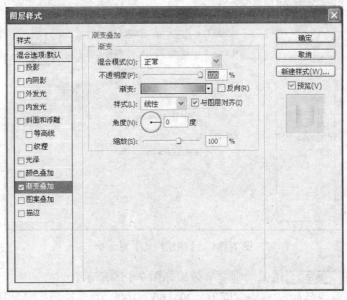

图 7-152　【图层样式】对话框

（17）　在对话框左侧选择【描边】选项，设置描边色为深红色（CMYK：50、100、

90、30），设置其他参数如图 7-153 所示。

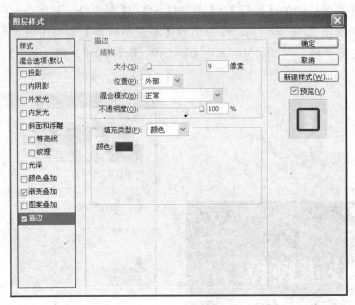

图 7-153　【图层样式】对话框

（18）　在对话框左侧选择【投影】选项，设置投影色为白色，并设置其他各项参数如图 7-154 所示。

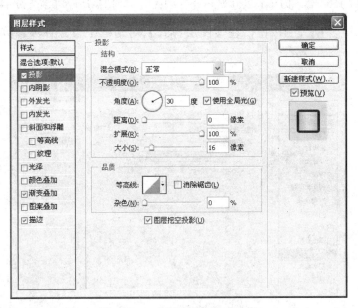

图 7-154　【图层样式】对话框

（19）　单击 确定 按钮，则文字效果如图 7-155 所示。

（20）　设置前景色的 CMYK 值为（30、60、100、0），选择工具箱中的 T.工具，在工具选项栏中设置选项如图 7-156 所示。

图 7-155　文字效果

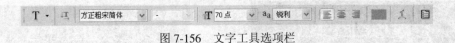

图 7-156　文字工具选项栏

（21）　在图像窗口中单击鼠标，输入大写字母"SHENLU"，如图 7-157 所示。

（22）　单击菜单栏中的【图层】/【图层样式】/【描边】命令，在弹出的【图层样式】对话框中设置描边色的 CMYK 值为（0、20、50、0），设置其他参数如图 7-158 所示。

图 7-157　输入的文字

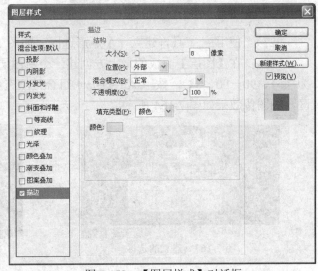

图 7-158　【图层样式】对话框

（23）　单击 [确定] 按钮，则文字效果如图 7-159 所示。

（24）　用同样的方法，在图像窗口中输入拼音"FU ZHENG KE LI"，并应用相同的描边样式，结果如图 7-160 所示。

（25）　使用 [□] 工具在图像窗口建立一个矩形选区，如图 7-161 所示。

（26）　在【图层】面板的最上方创建一个新图层"图层 3"，设置前景色的 CMYK 值为（0、20、30、0），按下 Alt+Delete 组合键填充前景色，再按下 Ctrl+D 组合键取消选区，则图像效果如图 7-162 所示。

图 7-159　文字效果

图 7-160　文字效果

图 7-161　建立的选区

图 7-162　图像效果

（27）　使用 工具再建立一个矩形选区，如图 7-163 所示。

（28）　在【图层】面板的最上方创建一个新图层"图层 4"，设置前景色的 CMYK 值为（51、90、90、34），按下 Alt+Delete 组合键填充前景色，再按下 Ctrl+D 组合键取消选区，则图像效果如图 7-164 所示。

图 7-163　建立的选区

图 7-164　图像效果

（29）　在图像窗口中输入相关的文字。注意字体、大小、颜色的设置要适当，结果如图 7-165 所示。

（30）　选择工具箱中的 工具，在图像窗口建立一个圆形选区，如图 7-166 所示。

（31）　在【图层】面板的最上方创建一个新图层"图层 5"。

（32）　选择工具箱中的 工具，在图像窗口拖动鼠标，填充前面编辑的"金色"渐变色，再按下 Ctrl+D 组合键取消选区，则图像效果如图 7-167 所示。

图 7-165　输入的文字

图 7-166　建立的选区

提示注意

　　这里的"金色"渐变色是指第 4 章制作月饼包装时存储的"金色"渐变色。如果读者没有从头阅读本书，可以参照图 4-4 设置渐变色。另外，也可以直接载入本书光盘提供的"渐变色.GRD"，这里提供了书中使用的部分渐变色。

　　（33）　在【图层】面板中复制"图层 5"，得到"图层 5 副本"，按下 Ctrl+T 组合键添加变形框，按住 Alt+Shift 组合键将复制的图像等比例缩小，再单击菜单栏中的【编辑】/【变换】/【水平翻转】命令，则图像效果如图 7-168 所示。

图 7-167　图像效果

图 7-168　图像效果

　　（34）　将本书光盘"第 07 章"文件夹中的"花纹 2.ai"文件置入图像窗口中，并调整其大小和位置如图 7-169 所示。

　　（35）·按下 Alt+Ctrl+G 组合键，创建剪贴蒙版，然后在【图层】面板中将"花纹"层的混合模式设置为"正片叠底"，则图像效果如图 7-170 所示。

　　（36）　打开本书光盘"第 07 章"文件夹中的"人参.jpg"文件，选择工具箱中的 工具，在工具选项栏中设置选项如图 7-171 所示。

　　（37）　在图像白色的位置单击鼠标，建立选区，如图 7-172 所示。

　　（38）　选择工具箱中的 工具，按住 Alt 键减选人参图像上的高光部分，然后按下 Shift+Ctrl+I 组合键，建立反向选区，如图 7-173 所示。

图 7-169 置入的图形

图 7-170 图像效果

图 7-171 魔棒工具选项栏

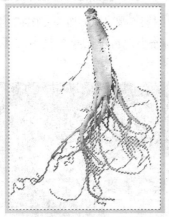

图 7-172 建立的选区

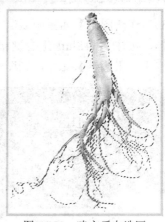

图 7-173 建立反向选区

（39） 使用 工具将人参图像拖动到"保健品包装展开图"图像窗口中，并调整其大小和位置如图 7-174 所示，此时【图层】面板中自动生成"图层 6"。

（40） 在【图层】面板中按住 Ctrl 键单击"图层 5 副本"的图层缩览图，载入选区，如图 7-175 所示。

图 7-174 调整图像的大小和位置

图 7-175 载入的选区

（41）　选择工具箱中的　工具，按住 Shift 键依次单击鼠标，将人参的上半部分添加到选区中，结果如图 7-176 所示。

（42）　单击【图层】面板下方的　按钮，为"图层 6"添加图层蒙版，则图像效果如图 7-177 所示。

图 7-176　选区效果

图 7-177　图像效果

（43）　将本书光盘"第 07 章"文件夹中的"保健品 logo.ai"文件置入图像窗口中，并调整其大小和位置如图 7-178 所示。

（44）　单击菜单栏中的【图层】/【栅格化】/【智能对象】命令，将"保健品 logo"层转换为普通图层，然后在【图层】面板中锁定该层的透明像素，设置前景色为白色，按下 Alt+Delete 组合键填充前景色，则图像效果如图 7-179 所示。

图 7-178　置入的图形

图 7-179　图像效果

（45）　在【图层】面板的最上方创建一个新图层"图层 7"。

（46）　选择工具箱中的　工具，在图像窗口创建一个矩形路径，如图 7-180 所示。然后按下 Ctrl+Enter 组合键，将路径转换为选区。

（47）　单击菜单栏中的【编辑】/【描边】命令，在弹出的【描边】对话框中设置描边色的 CMYK 值为（0、20、30、0），设置其他参数如图 7-181 所示。

（48）　单击　确定　按钮描边选区，然后按下 Ctrl+D 组合键取消选区，则图像效果如图 7-182 所示。

（49）　在图像窗口中输入"净含量"和"60 g"等文字，设置适当的字体与大小，如图 7-183 所示。

图 7-180　创建的路径

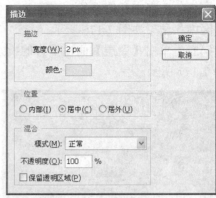

图 7-181　【描边】对话框

图 7-182　图像效果

图 7-183　输入的文字

（50）　选择工具箱中的　　工具，在图像窗口中建立一个矩形选区，如图 7-184 所示。

（51）　在【图层】面板的最上方创建一个新图层"图层 8"。设置前景色的 CMYK 值为（0、20、30、0），按下 Alt+Delete 组合键填充前景色，再按下 Ctrl+D 组合键取消选区，则图像效果如图 7-185 所示。

图 7-184　建立的选区

图 7-185　图像效果

（52）　使用　　工具输入相应的文字，如原料、用法与用量、厂址、电话等，结果如

图 7-186 所示。

（53）　在【图层】面板中复制"参鹿扶正颗粒"层和"保健品 logo"层，然后将其旋转 180°，调整其大小与位置如图 7-187 所示。

图 7-186　输入的文字

图 7-187　变换图像

（54）　使用▢工具在图像窗口中建立一个矩形选区，选择正面，如图 7-188 所示。

（55）　按下 Shift+Ctrl+C 组合键，合并复制选区内的图像，再按下 Ctrl+V 组合键，粘贴复制的图像，调整其位置如图 7-189 所示。

图 7-188　建立的选区

图 7-189　复制的图像

（56）　用同样的方法，将侧面复制到另一侧，至此完成了平面图的制作，最终效果如图 7-190 所示。

图 7-190　展开图效果

7.3.4 制作手提袋的展开图

手提袋作为整套包装最外围的部分，需要和里面的包装一致，这样可以体现包装的整体性、统一性。

（1）打开本书光盘"第 07 章"文件夹中的"手提袋结构图.psd"文件，将其另存为"保健品手提袋展开图.psd"文件。

（2）按下 Ctrl+R 组合键显示标尺，然后依次在手提袋的折线位置处创建参考线，如图 7-191 所示。

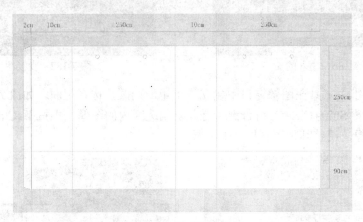

图 7-191　创建的参考线

（3）在【图层】面板中锁定"图层 1"的透明像素，设置前景色的 CMYK 值为（50、100、90、30），按下 Alt+Delete 组合键填充前景色，则图像效果如图 7-192 所示。

图 7-192　图像效果

（4）打开前面制作的"保健品包装展开图.psd"文件，使用 ▭ 工具建立一个矩形选区，选择正面，如图 7-193 所示。

（5）按下 Shift+Ctrl+C 组合键，合并复制选区内的图像。激活"保健品手提袋展开图"图像窗口，按下 Ctrl+V 组合键，粘贴复制的图像，调整其位置如图 7-194 所示。

（6）选择工具箱中的 ⊹ 工具，按住 Alt 键将该图像向右移动复制一份，复制后的位置如图 7-195 所示。

图 7-193　建立的选区

图 7-194　复制的图像

图 7-195　复制的图像

（7）　设置前景色为灰色（CMYK：0、0、0、20），选择工具箱中的 ◯ 工具，在工具选项栏中设置选项如图 7-196 所示。

图 7-196　椭圆工具选项栏

（8）　按住 Shift 键的同时在图像窗口中拖动鼠标，绘制一个圆形，则【图层】面板中生成一个"形状 1"层，将"形状 1"层复制 3 次，然后将复制的 3 个圆形调整至合适的位置，则完成了手提袋平面图的制作，如图 7-197 所示。

图 7-197　手提袋平面图效果

7.3.5　效果图的制作

本例的包装效果图由包装盒与手提袋构成，从制作技术角度来说，都属于包装盒结构，所以仍然需要使用 Photoshop 的自由变换（Ctrl+T）技术。

（1）　单击菜单栏中的【文件】/【新建】命令，在弹出的【新建】对话框中设置选项如图 7-198 所示。

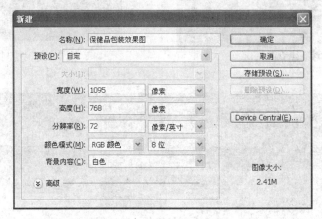

图 7-198　【新建】对话框

（2）　单击 ⬚ 确定 ⬚ 按钮，创建一个新文件。

（3）　选择工具箱中的 ⬚ 工具，在工具选项栏中选择"黑，白渐变"，并选择"线性渐变"类型，然后在图像窗口由上向下拖动鼠标，填充渐变色，则图像效果如图 7-199 所示。

图 7-199　图像效果

（4）　打开前面制作的"保健品手提袋展开图.psd"文件，使用 ⬚ 工具在图像窗口建立一个矩形选区，如图 7-200 所示。

（5）　按下 Shift+Ctrl+C 组合键，合并复制选区内的图像。

（6）　激活"保健品包装效果图"图像窗口，按下 Ctrl+V 组合键，粘贴复制的图像，则【图层】面板中自动生成"图层 1"。

图 7-200　建立的选区

（7）　按下 Ctrl+T 组合键添加变形框，先按住 Shift 键拖动角端的控制点，等比例缩小图像，然后再按住 Ctrl 键拖动右侧角端的控制点，使其产生透视效果，结果如图 7-201 所示。

（8）　选择工具箱中的 工具，在两个灰色圆孔处单击鼠标，建立选区，然后按下 Delete 键删除选区中的图像，结果如图 7-202 所示。

图 7-201　图像效果

图 7-202　图像效果

（9）　用同样的方法，将"保健品手提袋展开图"图像窗口中的侧面图像复制到"保健品包装效果图"图像窗口中，则【图层】面板中自动生成"图层 2"。

（10）　按下 Ctrl+T 组合键添加变形框，参照前面的方法，调整其大小与透视关系，并使其与手提袋的正面对齐，结果如图 7-203 所示。

图 7-203　图像效果

（11）　单击菜单栏中的【图像】/【调整】/【色相/饱和度】命令，在弹出的【色相/饱和度】对话框中设置选项如图 7-204 所示。

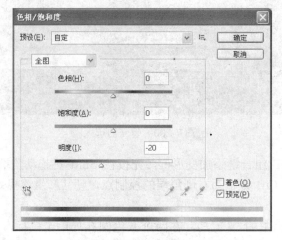

图 7-204　【色相/饱和度】对话框

（12）　单击 确定 按钮，将侧面调暗一些，则图像效果如图 7-205 所示。

（13）　打开前面制作的"保健品包装展开图.psd"文件，用同样的方法，分别选择并复制其中的正面与侧面到"保健品包装效果图"图像窗口中，然后通过按下 Ctrl+T 组合键进行变形处理，使其形成包装盒效果图。注意透视关系要与手提袋一致，如图 7-206 所示。

图 7-205　图像效果

图 7-206　图像效果

（14）　选择工具箱中的　工具，在图像窗口创建一条弯曲的路径，如图 7-207 所示。

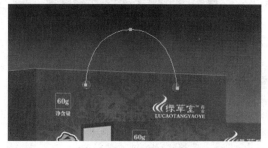

图 7-207　创建的路径

（15） 在【图层】面板的最上方创建一个新图层"图层 5"。

（16） 设置前景色为浅黄色（CMYK：2、11、31、0），选择工具箱中的 ✏️工具，在工具选项栏中设置选项如图 7-208 所示。

图 7-208 画笔工具选项栏

（17） 在【路径】面板中单击 ⭕ 按钮，用画笔描边路径，结果如图 7-209 所示。

图 7-209 描边效果

（18） 单击菜单栏中的【图层】/【图层样式】/【斜面和浮雕】命令，在弹出的【图层样式】对话框中设置各项参数如图 7-210 所示。

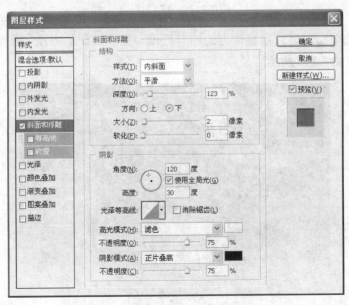

图 7-210 【图层样式】对话框

（19） 单击 确定 按钮，则图像效果如图 7-211 所示。

图 7-211　图像效果

（20）　在【图层】面板中复制"图层 5"，得到"图层 5 副本"，然后将该层调整到"图层 1"的下方，调整复制图像的位置如图 7-212 所示。

图 7-212　复制的图像

（21）　统观全局，最后做整体上的细节处理，参照前面的方法为图像添加倒影与投影。最终效果如图 7-213 所示。

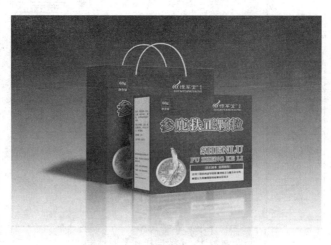

图 7-213　最终效果

第 8 章

数码产品包装设计与制作

随着计算机技术的普及，出现了以数字为记载方式的产品，例如 MP3、MP4、U 盘、录音笔、数码照机、手机、移动硬盘等，统称为数码产品。

数码产品属于高消费商品，并且还是高科技的象征，所以在包装设计上，要充分运用美学原则，通过各种视觉要素、色彩变化等美化产品包装，色彩、图形、文字都应具有很强的现代感、科技感以及强大的视觉冲击力。

8.1 手机包装设计

在现代社会中，手机是人们生活中不可缺少的通信工具。随着科技的发展，手机的功能越来越高级，这就要求其包装设计更加优秀与出色，除了能可靠地保护产品，还必须准确地传达产品信息，突出产品的特色，促进产品的销售。本例将介绍一款手机包装的设计与制作。

8.1.1　效果展示

本例效果如图 8-1 所示。

图 8-1　手机包装的平面图与效果图

8.1.2　基本构思

手机包装属于数码产品包装中的一大类，首先要体现科技感，然后要将手机的外形、特点、功能等在第一时间内通过包装传递给消费者。本例中的手机为多功能蓝牙手机，所以包装设计要体现出"高档、高端"，颜色采用黑色与蓝绿色，使包装显得幽雅高贵、神秘而有魅力，另外，将手机的照片、功能在包装上注明，让消费者获得足够详细的信息。

8.1.3　制作包装盒的展开图

在设计包装盒的平面图之前，必须先构想出包装盒展开图的样子，如果有条件，可以用卡纸按比例制作一个模型，这样非常有助于理解。本例已经提供了包装展开图的结构，读者可以直接打开使用。

（1）打开本书光盘"第 08 章"文件夹中的"手机包装盒型.psd"文件，将其另存为"手机包装展开图.psd"文件。

（2）按下 Ctrl+R 组合键显示标尺，然后沿包装盒的折线位置创建参考线，以便于制作，如图 8-2 所示。

（3）在【图层】面板中锁定"图层 1"的透明像素，设置前景色为黑色，按下 Alt+Delete 组合键填充前景色，再按下 Ctrl+D 组合键取消选区，则图像效果如图 8-3 所示。

图 8-2　创建的参考线

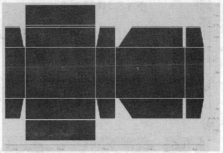

图 8-3　图像效果

（4）使用 工具沿参考线建立一个矩形选区，大小与位置如图 8-4 所示。

（5）在【图层】面板中创建一个新图层"图层 2"。

（6）选择工具箱中的 工具，在工具选项栏中选择"径向渐变"类型，然后单击渐变预览条，在弹出的【渐变编辑器】窗口中设置渐变条下方两个色标的 CMYK 值分别为（80、0、45、0）和黑色，如图 8-5 所示。

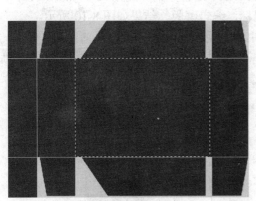

图 8-4　建立的选区

图 8-5　【渐变编辑器】窗口

（7）单击 确定 按钮，然后在选区内由左向右拖动鼠标，填充渐变色，再按下 Ctrl+D 组合键取消选区，则图像效果如图 8-6 所示。

（8）　打开本书光盘"第 08 章"文件夹中的"科技.jpg"文件，如图 8-7 所示。

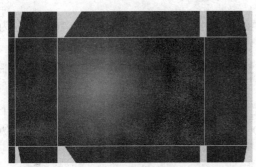

图 8-6　图像效果

图 8-7　打开的文件

（9）　使用 工具将打开的图像拖动到"手机包装展开图"图像窗口中，则【图层】面板中自动生成"图层 3"。

（10）　按下 Ctrl+T 组合键添加变形框，调整图像的大小和位置，结果如图 8-8 所示。

（11）　在【图层】面板中设置"图层 3"的混合模式为"明度"，则图像效果如图 8-9 所示。

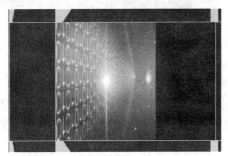

图 8-8　调整图像的大小和位置

图 8-9　图像效果

（12）　单击【图层】面板下方的 按钮，为"图层 3"添加图层蒙版。

（13）　选择工具箱中的 工具，在工具选项栏中选择"黑，白渐变"，然后选择"线性渐变"类型，在图像窗口中由右向左拖动鼠标，编辑蒙版，结果如图 8-10 所示。

（14）　打开本书光盘"第 08 章"文件夹中的"手机.jpg"文件。

（15）　选择工具箱中的 工具，在图像窗口的白色区域单击鼠标，建立选区，然后按下 Shift+Ctrl+I 组合键，建立反向选区，则选择了手机图像，如图 8-11 所示。

图 8-10　图像效果

图 8-11　建立反向选区

（16）　使用  工具将手机图像拖动到"手机包装展开图"图像窗口中，则【图层】面板中自动生成"图层 4"。

（17）　按下 Ctrl+T 组合键添加变形框，按住 Shift 键拖动角端的控制点，将其等比例缩小，结果如图 8-12 所示。

（18）　单击菜单栏中的【图像】/【调整】/【色阶】命令，在弹出的【色阶】对话框中设置选项如图 8-13 所示。

图 8-12　变换图像

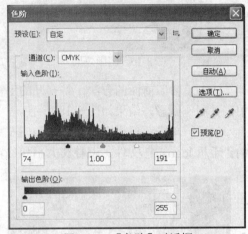

图 8-13　【色阶】对话框

（19）　单击 确定 按钮，则图像效果如图 8-14 所示。

（20）　在【图层】面板中复制手机所在的"图层 4"，得到"图层 4 副本"。

（21）　单击菜单栏中的【编辑】/【变换】/【垂直翻转】命令，将复制的图像垂直翻转，并调整其位置如图 8-15 所示。

图 8-14　图像效果

图 8-15　调整图像的位置

（22）　单击【图层】面板下方的 按钮，为"图层 4 副本"添加图层蒙版。

（23）　选择工具箱中的 工具，在工具选项栏中选择"黑，白渐变"，然后选择"线性渐变"类型，在图像窗口中由下向上拖动鼠标，编辑蒙版，制作出图像的倒影效果，如图 8-16 所示。

（24）　打开本书光盘"第 08 章"文件夹中的"侧面.jpg"文件，如图 8-17 所示。

图 8-16　倒影效果

图 8-17　打开的文件

（25）　参照前面的方法，将打开的手机侧面图像拖动到"手机包装展开图"图像窗口中，并制作倒影，结果如图 8-18 所示。

（26）　单击菜单栏中的【文件】/【置入】命令，置入本书光盘"第 08 章"文件夹中的"手机 logo.ai"文件，调整其大小和位置如图 8-19 所示。

图 8-18　图像效果

图 8-19　置入的图形

（27）　在【图层】面板中复制"手机 logo"层，得到"手机 logo 副本"层，使用 ▶⊕ 工具调整其位置如图 8-20 所示。

图 8-20　调整复制的图形

（28）　设置前景色为白色，选择工具箱中的 T 工具，在工具选项栏中设置选项，如图 8-21 所示。

图 8-21　文字工具选项栏

（29）　在图像窗口中单击鼠标，输入大写的手机型号"L72"，如图 8-22 所示。

（30）　继续输入文字"GSM 数字移动电话机"，并更改文字的大小为 12 点，位置如图 8-23 所示。

图 8-22　输入的文字

图 8-23　输入的文字

（31）　再输入英文"MUSIC"，并在文字工具选项栏中更改选项如图 8-24 所示。

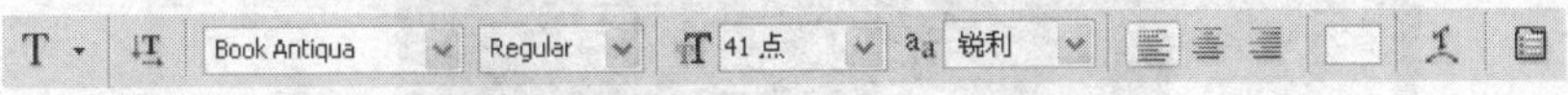

图 8-24　文字工具选项栏

（32）　使用 工具调整文字的位置如图 8-25 所示；用同样的方法，再输入其他说明文字，并设置适当的大小，如图 8-26 所示。

图 8-25　输入的文字

图 8-26　输入的文字

（33）　选择工具箱中的 工具，在图像窗口中沿参考线建立一个矩形选区，效果如图 8-27 所示。

（34）　在【图层】面板中创建一个新图层"图层 6"，设置前景色为灰色（CMYK：0、0、0、15），按下 Alt+Delete 组合键填充前景色，再按下 Ctrl+D 组合键取消选区，则图像效果如图 8-28 所示。

（35）　选择工具箱中的 工具，按住 Alt 键拖动灰色图像，将其向右移动复制一份，位置如图 8-29 所示。

（36）　在【图层】面板中复制"手机 logo"层，得到"手机 logo 副本 2"层，将该层调整到面板的最上方。

图 8-27　建立的选区

图 8-28　图像效果

图 8-29　复制的图像

（37）　按下 Ctrl+T 组合键添加变形框，按住 Shift 键将其等比例放大，将其逆时针旋转 90º，调整其位置如图 8-30 所示。

图 8-30　变换图形

（38）　单击菜单栏中的【图层】/【栅格化】/【智能对象】命令，并将"手机 logo 副本 2"层转换为普通图层，然后在【图层】面板中锁定该层的透明像素。

（39）　设置前景色的 CMYK 值为（100、0、50、40），按下 Alt+Delete 组合键填充前景色，则图像效果如图 8-31 所示。

（40）　选择工具箱中的 工具，按住 Alt 键拖动该图像，将其向左移动复制一份，并按下 Ctrl+T 组合键添加变形框，将其等比例缩小后再顺时针旋转 90º，结果如图 8-32 所示。

图 8-31　图像效果

图 8-32　图像效果

（41）　选择工具箱中的 T 工具，在图像窗口中输入地址、电话等文字，并适当设置字体与大小，结果如图 8-33 所示。

图 8-33　输入的文字

（42）　在【图层】面板中复制"MUSIC"层，得到"MUSIC 副本"层。

（43）　按下 Ctrl+T 组合键添加变形框，将复制的文字等比例缩小，并逆时针旋转 90°，调整其位置如图 8-34 所示。

（44）　用同样的方法，复制包装盒正面的文字以及 logo 所在的图层，将其逆时针旋转 90°，并且重新排列，结果如图 8-35 所示。

图 8-34 变换复制的文字

图 8-35 图像效果

（45） 将编排好的这些文字再复制一份，移动到上方，位置如图 8-36 所示。至此完成了包装平面图的制作。

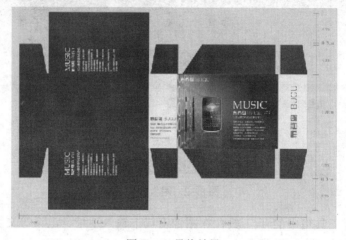

图 8-36 最终效果

8.1.4 效果图的制作

制作盒式包装效果图的关键技术是掌握好透视角度，把最具有冲击力的一面展示给客户。另外，为了表现立体效果图的空间感，投影的重要性不可忽视。

（1） 单击菜单栏中的【文件】/【新建】命令，在弹出的【新建】对话框中设置选项如图 8-37 所示。

（2） 单击[　　确定　　]按钮，创建一个新文件。

（3） 选择工具箱中的▇工具，在工具选项栏中选择"黑、白渐变"，然后选择"线性渐变"类型，在图像窗口中由上向下拖动鼠标，填充渐变色，效果如图 8-38 所示。

（4） 激活"手机包装展开图"图像窗口，使用▢工具建立一个矩形选区，选择包装盒的正面，如图 8-39 所示。

（5） 按下 Shift+Ctrl+C 组合键，合并复制选区内的图像。

（6） 激活"手机包装效果图"图像窗口，按下 Ctrl+V 组合键，粘贴复制的图像，则【图层】面板中自动生成"图层 1"。

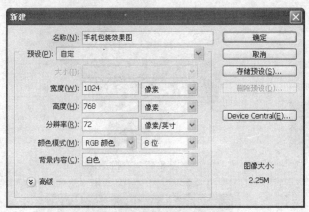

图 8-37　【新建】对话框

图 8-38　图像效果

（7）　按下 Ctrl+T 组合键添加变形框，然后按住 Ctrl 键分别调整各控制点的位置，使其具有透视效果，结果如图 8-40 所示。

图 8-39　建立的选区

图 8-40　图像效果

（8）　激活"手机包装展开图"图像窗口，使用 ▭ 工具建立一个矩形选区，选择包装盒的侧面，如图 8-41 所示。

（9）　按下 Shift+Ctrl+C 组合键，合并复制选区内的图像。然后激活"手机包装效果图"图像窗口，按下 Ctrl+V 组合键，粘贴复制的图像，则【图层】面板中自动生成"图层 2"。

（10）　按下 Ctrl+T 组合键添加变形框，按住 Ctrl 键调整各控制点的位置，使其具有透视效果，并且与正面对接起来，如图 8-42 所示。

（11）　激活"手机包装展开图"图像窗口，使用 ▭ 工具建立一个矩形选区，选择包装盒的另一个侧面，如图 8-43 所示。

（12）　按下 Shift+Ctrl+C 组合键，合并复制选区内的图像。然后激活"手机包装效果图"图像窗口，按下 Ctrl+V 组合键，粘贴复制的图像，则【图层】面板中自动生成"图层 3"。

（13）　按下 Ctrl+T 组合键添加变形框，按住 Ctrl 键调整各控制点的位置，使其具有透视关系，并与正面和侧面对齐，结果如图 8-44 所示。

图 8-41　建立的选区

图 8-42　变换图像

图 8-43　建立的选区

图 8-44　变换图像

（14）　单击菜单栏中的【图像】/【调整】/【色相/饱和度】命令，在弹出的【色相/饱和度】对话框中设置选项如图 8-45 所示。

（15）　单击 ___确定___ 按钮，将其调暗一些，增强包装盒的立体效果，如图 8-46 所示。

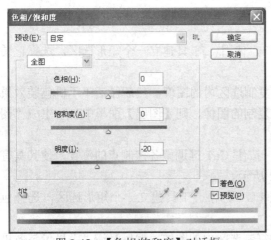

图 8-45　【色相/饱和度】对话框

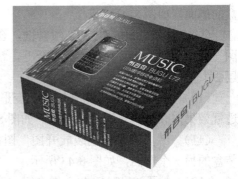

图 8-46　图像效果

（16）　选择工具箱中的 🖋 工具，在图像窗口中依次单击鼠标，建立一个多边形选区，如图 8-47 所示。

（17）　在【图层】面板中创建一个新图层"图层 4"，设置前景色的 CMYK 值为（0、0、0、60），按下 Alt+Delete 组合键填充前景色，再按下 Ctrl+D 组合键取消选区，则图像效果如图 8-48 所示。

图 8-47　建立的选区　　　　　　　　　　图 8-48　图像效果

（18）　使用 ![]工具再建立一个多边形选区，如图 8-49 所示。

（19）　在【图层】面板中创建一个新图层"图层 5"，设置前景色的 CMYK 值为（0、0、0、75），按下 Alt+Delete 组合键填充前景色，再按下 Ctrl+D 组合键取消选区，则图像效果如图 8-50 所示。

图 8-49　建立的选区　　　　　　　　　　图 8-50　图像效果

（20）　使用 ![]工具建立一个多边形选区，如图 8-51 所示。

（21）　在【图层】面板中创建一个新图层"图层 6"，将该层调整到"图层 1"的下方。设置前景色为黑色，按下 Alt+Delete 组合键填充前景色，再按下 Ctrl+D 组合键取消选区，则图像效果如图 8-52 所示。

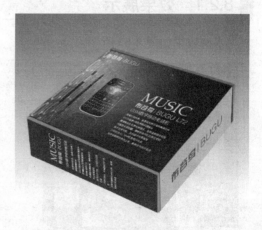

图 8-51　建立的选区　　　　　　　　　　图 8-52　图像效果

（22）　在【图层】面板中复制"图层 6"，得到"图层 6 副本"，将该图层调整到"图层 6"的下方。

（23） 单击菜单栏中的【滤镜】/【模糊】/【高斯模糊】命令，在弹出的【高斯模糊】对话框中设置选项如图 8-53 所示。

（24） 单击 确定 按钮，将模糊后的图像略向下移动，作为包装盒的投影，最终效果如图 8-54 所示。

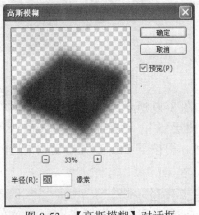

图 8-53 【高斯模糊】对话框

图 8-54 最终效果

8.2 MP4 包装设计

MP4 实际上是一种 MPEG-4 数据存储设备，它是集音频、视频、图片浏览、电子书、收音机等于一体的多功能播放器，是非常典型的数码产品代表，MP4 产品一般都具有轻薄时尚、简约大方、宽屏高清等特点，甚至会融入一些手机或电脑元素，所以设计 MP4 包装时要突出科技、现代、新潮。

8.2.1 效果展示

本例效果如图 8-55 所示。

图 8-55 MP4 包装的平面图与效果图

8.2.2 基本构思

MP4 是一种非常流行的数码产品，主要面向的对象是青年人，所以，设计本例中的 MP4 包装时，以蓝色为主色调，体现科技感，同时加入了类似金属的按钮，让人可以联想到游戏，突出"玩"的概念。另外，从制作工艺考虑，在正面设计了一个透明窗口，便于消费者观察到实物。

8.2.3 制作包装盒的展开图

（1） 打开本书光盘"第 08 章"文件夹中的"MP4 包装盒型.psd"文件，如图 8-56 所示，将其另存为"MP4 包装展开图.psd"文件。

（2） 按下 Ctrl+R 组合键显示标尺，然后沿包装盒的折线位置创建参考线，以便于制作，如图 8-57 所示。

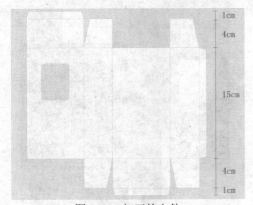

图 8-56 打开的文件

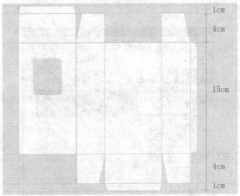

图 8-57 创建的参考线

（3） 在【图层】面板中锁定"图层 1"的透明像素，设置前景色为蓝色（CMYK：88、65、0、0），按下 Alt+Delete 组合键填充前景色，再按下 Ctrl+D 组合键取消选区，则图像效果如图 8-58 所示。

（4） 打开本书光盘"第 08 章"文件夹中的"科技 1.jpg"文件，然后使用 工具将打开的图像拖动到"MP4 包装展开图"图像窗口中，则【图层】面板中自动生成一个新图层"图层 2"。

（5） 按下 Ctrl+T 组合键添加变形框，按住 Shift 键拖动角端的控制点，等比例缩小图像，结果如图 8-59 所示。

（6） 单击【图层】面板下方的 按钮，为"图层 2"添加图层蒙版，如图 8-60 所示。

（7） 选择工具箱中的 工具，在工具选项栏中选择"黑，白渐变"，并选择"线性渐变"类型，然后在图像窗口中由上向下拖动鼠标，编辑蒙版，则图像效果如图 8-61 所示。

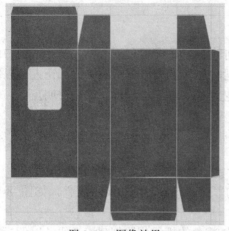

图 8-58　图像效果

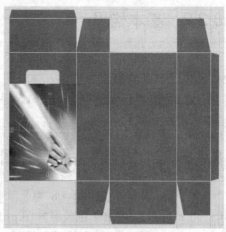

图 8-59　变换图像

图 8-60　【图层】面板

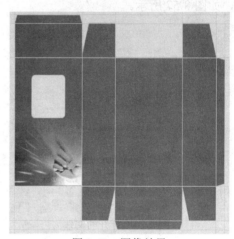

图 8-61　图像效果

（8）　选择工具箱中的 ▢ 工具，在工具选项栏中设置选项如图 8-62 所示。

图 8-62　圆角矩形工具选项栏

（9）　在图像窗口中拖动鼠标，创建一个圆角矩形路径，如图 8-63 所示。

（10）　按下 Ctrl+Enter 组合键，将路径转换为选区。然后在【图层】面板中创建一个新图层"图层 3"。

（11）　单击菜单栏中的【编辑】/【描边】命令，在弹出的【描边】对话框中设置描边色为白色，设置其他参数如图 8-64 所示。

（12）　单击 确定 按钮为选区描边，然后按下 Ctrl+D 组合键取消选区，结果如图 8-65 所示。

（13）　设置前景色为红色（CMYK：0、100、100、0），选择工具箱中的 T 工具，在图像窗口单击鼠标，输入文字"MP4"，并设置适当的字体和大小，结果如图 8-66 所示。

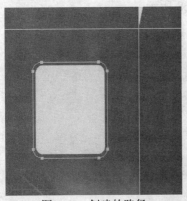

图 8-63　创建的路径

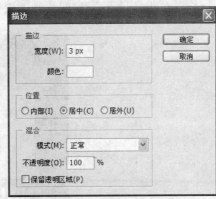

图 8-64　【描边】对话框

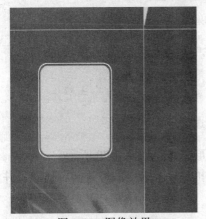

图 8-65　图像效果

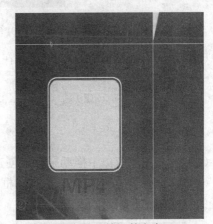

图 8-66　输入的文字

（14）　单击菜单栏中的【图层】/【图层样式】/【描边】命令，在弹出的【图层样式】对话框中设置描边色为白色，设置其他参数如图 8-67 所示。

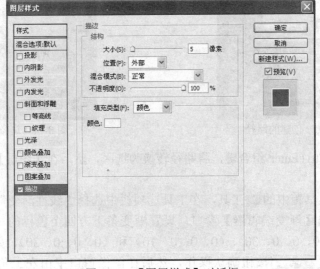

图 8-67　【图层样式】对话框

（15） 单击 确定 按钮，则图像效果如图 8-68 所示。

图 8-68　图像效果

（16） 选择工具箱中的 工具，在工具选项栏中设置选项如图 8-69 所示。

图 8-69　多边形工具选项栏

（17） 在图像窗口中拖动鼠标，创建一个六边形路径，如图 8-70 所示。

（18） 选择工具箱中的 工具，框选路径右侧的 3 个锚点，将其向右移动，并调整路径的位置如图 8-71 所示。

图 8-70　创建的路径　　　　　　　　　　图 8-71　调整路径

（19） 按下 Ctrl+Enter 组合键，将路径转换为选区，然后在【图层】面板中创建一个新图层"图层 4"。

（20） 选择工具箱中的 工具，在工具选项栏中选择"线性渐变"类型，然后单击渐变预览条，弹出【渐变编辑器】窗口，设置渐变条下方四个色标的 CMYK 值分别为（0、0、0、10）、（0、0、0、30）、（0、0、0、10）和（0、0、0、30），如图 8-72 所示。

（21） 单击 确定 按钮确认操作，然后在图像窗口中由左上角向右下角拖动鼠标，填充渐变色，再按下 Ctrl+D 组合键取消选区，则图像效果如图 8-73 所示。

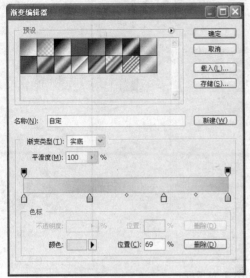

图 8-72　【渐变编辑器】窗口　　　　　　　　　　图 8-73　图像效果

（22）　单击菜单栏中的【图层】/【图层样式】/【斜面和浮雕】命令，在弹出的【图层样式】对话框中设置各项参数如图 8-74 所示。

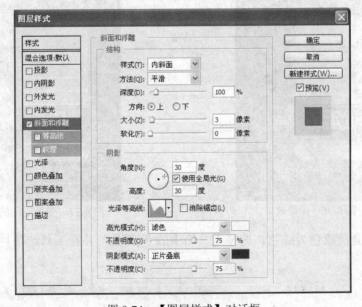

图 8-74　【图层样式】对话框

（23）　在对话框左侧选择【描边】选项，设置描边色为白色，设置其他各项参数如图 8-75 所示。

（24）　单击 ▭ 确定 ▭ 按钮，则图像效果如图 8-76 所示。

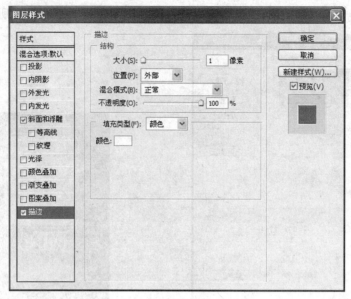

图 8-75　【图层样式】对话框

（25）　在【图层】面板中复制"图层 4"，得到"图层 4 副本"，按下 Ctrl+T 组合键添加变形框，将复制的图像稍微缩小，结果如图 8-77 所示。

图 8-76　图像效果

图 8-77　变换复制的图像

（26）　设置前景色为红色，选择工具箱中的 T 工具，并在工具选项栏中设置选项如图 8-78 所示。

图 8-78　文字工具选项栏

'（27）　在图像窗口中单击鼠标，输入文字"轻松视听"，如图 8-79 所示。用同样的方法再输入拼音，并将字体大小调整为 8 点，结果如图 8-80 所示。

（28）　选择工具箱中的 ▢ 工具，在工具选项栏中设置选项如图 8-81 所示。

图 8-79　输入的文字

图 8-80　输入的文字

图 8-81　圆角矩形工具选项栏

（29）　在图像窗口中拖动鼠标，创建一个圆角矩形路径，如图 8-82 所示。

（30）　按下 Ctrl+Enter 组合键，将路径转换为选区。然后在【图层】面板中创建一个新图层"图层 5"。

（31）　选择工具箱中的 ▉ 工具，在图像窗口中由左上角向右下角拖动鼠标，填充前面编辑的渐变色，然后按下 Ctrl+D 组合键取消选区，结果如图 8-83 所示。

图 8-82　创建的路径

图 8-83　图像效果

（32）　在【图层】面板中的"图层 4"上单击鼠标右键，在弹出的快捷菜单中选择【拷贝图层样式】命令；然后在"图层 5"上单击鼠标右键，在弹出的快捷菜单中选择【粘贴图层样式】命令，则图像效果如图 8-84 所示。

（33）　选择工具箱中的 ▉ 工具，然后按住 Alt 键将向下移动复制的两个图像，结果如图 8-85 所示。

图 8-84　图像效果

图 8-85　移动复制图像

（34）　设置前景色为红色，选择工具箱中的 T 工具，在工具选项栏中设置选项如图 8-86 所示。

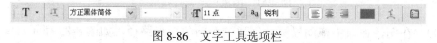

图 8-86　文字工具选项栏

（35）　在图像窗口中单击鼠标，分别输入相关的文字，结果如图 8-87 所示。

（36）　单击菜单栏中的【文件】/【置入】命令，将本书光盘"第 08 章"文件夹中的 "MP4logo.ai"文件置入图像窗口中，并调整其大小和位置如图 8-88 所示。

图 8-87　输入的文字

图 8-88　置入的图形

（37）　继续使用 T 工具在 logo 的右侧输入白色文字"USB3.0 接口"，如图 8-89 所示。

（38）　在【图层】面板中同时选择"MP4"～"QINGSONGSHITING"层之间的图层，如图 8-90 所示。

（39）　将选择的图层拖动到面板下方的 按钮上，同时复制这些图层，然后在图像窗口中将复制的图像调整到包装盒的侧面，并重新调整大小与位置关系，结果如图 8-91

所示。

图 8-89　输入的文字

图 8-90　选择的图层

（40）　用同样的方法，再复制"MP4logo"层和"USB3.0 接口"层，然后在图像窗口中调整图像的位置关系如图 8-92 所示。

图 8-91　图像效果

图 8-92　图像效果

（41）　在【图层】面板的最上方创建一个新图层"图层 6"，然后使用 ▣ 工具建立一个矩形选区，如图 8-93 所示。

（42）　选择工具箱中的 ▣ 工具，在图像窗口中由左上角向右下角拖动鼠标，填充前面编辑的渐变色，然后按下 Ctrl+D 组合键取消选区，则图像效果如图 8-94 所示。

（43）　设置前景色为黑色，使用 T 工具在图像窗口中输入相关的文字，适当设置字体与大小，结果如图 8-95 所示。

（44）　在【图层】面板中隐藏"背景"图层，使用 ▣ 工具沿参考线建立一个矩形选区，选择正面图像，如图 8-96 所示。

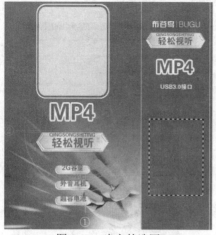

图 8-93　建立的选区

图 8-94　图像效果

图 8-95　输入的文字

图 8-96　建立的选区

（45）　按下 Shift+Ctrl+C 组合键，合并复制选区内的图像，然后按下 Ctrl+V 组合键，粘贴复制的图像，【图层】面板中自动生成"图层 7"，调整图像的位置如图 8-97 所示。

图 8-97　调整图像的位置

（46）　打开本书光盘"第 08 章"文件夹中的"MP4.psd"文件，使用  工具建立一个矩形选区，如图 8-98 所示。

图 8-98　建立的选区

（47）　按下 Ctrl+C 组合键复制选择的图像，然后激活"MP4 包装展开图"图像窗口，按下 Ctrl+V 组合键粘贴图像，则【图层】面板中自动生成"图层 8"，将该层调整到"图层 7"的下方。

（48）　按下 Ctrl+T 组合键添加变形框，然后按住 Shift 键拖动角端的控制点，将其等比例放大，确认变形后调整位置如图 8-99 所示。

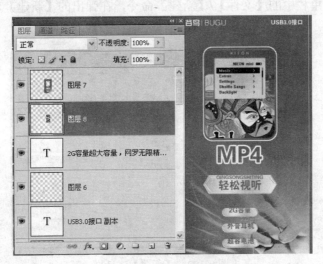

图 8-99　变换图像

（49）　继续使用  工具沿参考线建立一个矩形选区，选择侧面图像，如图 8-100 所示。

（50）　按下 Shift+Ctrl+C 组合键，合并复制选区内的图像，再按下 Ctrl+V 组合键，粘贴复制的图像，并调整到另一个侧面，然后显示"背景"图层，最终效果如图 8-101 所示。

图 8-100　建立的选区

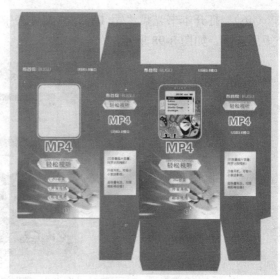

图 8-101　最终效果

8.2.4　效果图的制作

包装效果图的制作十分重要，第一，它可以直观地向用户展示包装效果，让用户更确切地了解设计方案；第二，对于筛选方案、检验设计中的不足具有辅助作用。

（1）　单击菜单栏中的【文件】/【新建】命令，在弹出的【新建】对话框中设置选项如图 8-102 所示。

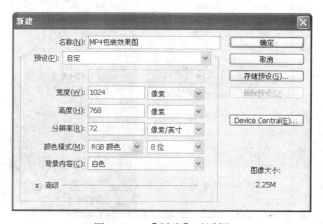

图 8-102　【新建】对话框

（2）　单击 确定 按钮，创建一个新文件。

（3）　选择工具箱中的 工具，在工具选项栏中选择"黑，白渐变"，并选择"线性渐变"类型，在图像窗口中由上向下垂直拖动鼠标，填充渐变色，效果如图 8-103 所示。

（4）　打开前面制作的"MP4 包装展开图.psd"文件，然后在【图层】面板中选择"图层 7"为当前图层，按下 Ctrl+A 组合键全选图像，再按下 Ctrl+C 组合键复制图像。

（5）　激活"MP4 包装效果图"图像窗口，按下 Ctrl+V 组合键，粘贴复制的图像，则【图层】面板中自动生成"图层 1"。

（6）按下 Ctrl+T 组合键添加变形框，按住 Shift 键拖动角端的控制点，将其等比例缩小，再按住 Ctrl 键调整右侧的控制点，使其产生透视效果，结果如图 8-104 所示。

图 8-103   图像效果   图 8-104   图像效果

（7）激活"MP4 包装展开图"图像窗口，在【图层】面板中选择"图层 9"为当前图层，按下 Ctrl+A 组合键全选图像，再按下 Ctrl+C 组合键复制图像。

（8）激活"MP4 包装效果图"图像窗口，按下 Ctrl+V 组合键，粘贴复制的图像，则【图层】面板中自动生成"图层 2"。

（9）按下 Ctrl+T 组合键添加变形框，先按住 Shift 键拖动角端的控制点，将其等比例缩小，再按住 Ctrl 键调整左侧的控制点，使其产生透视，并对齐正面，结果如图 8-105 所示。

图 8-105   图像效果

（10）单击菜单栏中的【图像】/【调整】/【色相/饱和度】命令，在弹出的【色相/饱和度】对话框中设置选项如图 8-106 所示。

（11）单击 确定 按钮，将侧面调暗一些，效果如图 8-107 所示。

（12）激活"MP4 包装展开图"图像窗口，使用 工具建立如图 8-108 所示的选区，选择顶盖部分。

（13）按下 Shift+Ctrl+C 组合键，合并复制选区内的图像。

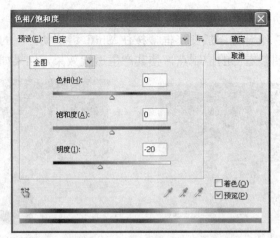

图 8-106 【色相/饱和度】对话框

图 8-107 图像效果

图 8-108 建立的选区

（14） 激活"MP4 包装效果图"图像窗口，按下 Ctrl+V 组合键，粘贴复制的图像，则【图层】面板中自动生成"图层 3"。

（15） 按下 Ctrl+T 组合键添加变形框，按住 Ctrl 键的同时调整四角的控制点，使其对齐到正面与侧面，结果如图 8-109 所示。

图 8-109 图像效果

（16）　单击菜单栏中的【图像】/【调整】/【色相/饱和度】命令，在弹出的【色相/饱和度】对话框中设置选项如图 8-110 所示。

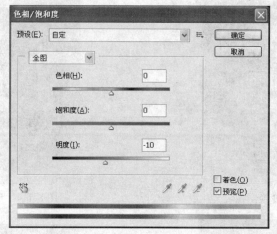

图 8-110　【色相/饱和度】对话框

（17）　单击 ▭确定▭ 按钮，则图像效果如图 8-111 所示。

（18）　打开本书光盘"第 08 章"文件夹中的"MP4.psd"文件，使用 ▭ 工具建立一个矩形选区，如图 8-112 所示。

图 8-111　图像效果

图 8-112　建立的选区

（19）　按下 Ctrl+C 组合键复制选区中的图像，然后激活"MP4 包装效果图"图像窗口，按下 Ctrl+V 组合键，粘贴复制的图像，则【图层】面板中自动生成"图层 4"。

（20）　在【图层】面板中将"图层 4"调整到"图层 1"的下方，然后按下 Ctrl+T 组合键添加变形框，按住 Ctrl 键的同时调整其透视角度，结果如图 8-113 所示。

（21）　在"图层 4"的上方创建一个新图层"图层 5"，然后使用 ▭ 工具建立一个多边形选区，如图 8-114 所示。

（22）　设置前景色为淡青色（CMYK：34、0、10、），按下 Alt+Delete 组合键填充前景色，再按下 Ctrl+D 组合键取消选区，效果如图 8-115 所示。

（23）　在【图层】面板中设置"图层 5"的【不透明度】值为 60%，结果如图 8-116 所示。

图 8-113　变换图像

图 8-114　建立的选区

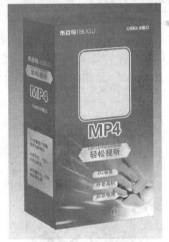

图 8-115　图像效果

图 8-116　图像效果

（24）　最后统观全图，做一些细节处理，如制作倒影、细化光影关系，最终效果如图
8-117 所示。

图 8-117　最终效果